高校入試
近道問題 07英文法

この本の特色

① コンパクトな問題集

　入試対策として必要な単元・項目を短期間で学習できるよう，コンパクトにまとめた問題集です。直前対策としてばかりではなく，自分の弱点を見つけ出す診断材料としても活用できるようになっています。

② 豊富なデータ

　英俊社の「高校別入試ンリーズ」の豊富な入試問題から問題を厳選し

③ 問題の多様性

　空欄補充や語形変化，排　　　　　　　　　　　，さまざまな形式の問題を掲載しています。多様な問題形式に慣れ，入試に備えてください。

この本の内容

※本書に収録された問題で学校名の記載が無いものは，弊社が独自に作成した問題です。

1 現在・過去・未来・進行形 近道問題

1 次の各文の（　　）にあてはまるものを選びなさい。

(1) My sister（　　）his father.

　ア　know　　イ　knows　　ウ　is knowing　　　　　　　　（精華女高）

(2) My father（　　）TV now.

　ア　watch　　イ　watches　　ウ　is watched　　エ　is watching
　　　　　　　　　　　　　　　　　　　　　　　　　　　　　　（好文学園女高）

(3) She（　　）a lot of books today.

　ア　have　　イ　having　　ウ　has　　エ　had　　　　（洛陽総合高）

(4) I（　　）visit my uncle tomorrow.

　ア　am　　イ　am going　　ウ　am able　　エ　will　（平安女学院高）

(5) I went to a mountain with my sister yesterday. She（　　）the names of many trees and flowers there.

　ア　knew　　イ　know　　ウ　to know　　エ　knowing（奈良文化高）

(6) There（　　）a lot of cats around this town ten years ago.

　ア　are　　イ　is　　ウ　were　　エ　was　　　　（四天王寺東高）

(7) A：　Do you like music?

　　B：　Yes. I'm going（　　）the culture of Hip Hop at university.

　ア　study　　イ　to study　　ウ　studied　　エ　studies　（大阪高）

(8) A：　What did you do after school?

　　B：　I（　　）school and went home.

　ア　will leave　　イ　leave　　ウ　leaves　　エ　left　　（沖縄県）

(9) A：　Please call me when you（　　）at the airport tomorrow. I will pick you up.

　　B：　Thank you very much, Bob. I will.

　ア　arrive　　イ　will arrive　　ウ　are going to arrive　　エ　arrived
　　　　　　　　　　　　　　　　　　　　　　　　　　　　　　（大阪商大高）

(10) I（　　）on the phone when Yuki called me.

　ア　am talking　　イ　was talking　　ウ　talks　　エ　am talked
　　　　　　　　　　　　　　　　　　　　　　　　　　　　　　（浪速高）

2 次の英文の（　　）内の語を適当な形に直しなさい。

(1) （Do）your father have time now?（　　　）　　　（京都廣学館高）

(2) Are you（go）to study English this evening?（　　　）　　（金蘭会高）

(3) George（break）the window yesterday.（　　　）　　（京都廣学館高）

(4) You and I（be）fifteen years old then.（　　）　　（香ヶ丘リベルテ高）

(5) The earth（move）around the Sun.（　　）　（関西福祉科学大学高）

(6) The player（feel）happy when he won the game.（　　）　（金蘭会高）

(7) There（be）some books on the desk at that time.（　　　）

（日ノ本学園高）

(8) Mr. Yamaguchi（be）able to speak Chinese when he was young.

（　　　）（アナン学園高）

(9) I'll open the box when he（come）back.（　　　）　　　（梅花高）

3 次の各文を［　　］内の指示に従って書きかえなさい。

(1) She tried to cook pizza.［疑問文に］　　　　　　（香ヶ丘リベルテ高）

（　　　　　　　　　　　　　　　　　　　　　　　　）

(2) He is eighteen.［文末に next month を加えて未来の文に］　（京都西山高）

（　　　　　　　　　　　　　　　　　　　　　　　　）

(3) The student studies English.［現在進行形に］　　　　　（市川高）

（　　　　　　　　　　　　　　　　　　　　　　　　）

(4) Mari always drinks coffee after lunch.［疑問文に］　　（大阪暁光高）

（　　　　　　　　　　　　　　　　　　　　　　　　）

(5) Tom went to the movie theater yesterday.［否定文に］　（芦屋学園高）

（　　　　　　　　　　　　　　　　　　　　　　　　）

(6) I swam in the river <u>yesterday</u>.

［下線部を at about five yesterday にかえて進行形の文に］（追手門学院高）

（　　　　　　　　　　　　　　　　　　　　　　　　）

(7) I will buy a new bag tomorrow.［be 動詞を使った未来形の文に］

（香ヶ丘リベルテ高）

（　　　　　　　　　　　　　　　　　　　　　　　　）

2 現在完了形・現在完了進行形 近道問題

１ 次の各文の（　　）にあてはまるものを選びなさい。

(1) （　　） you ever been to Hokkaido?

　　ア　Have　　イ　Did　　ウ　Do　　　　　　　　（香ヶ丘リベルテ高）

(2) My brother has played soccer （　　） six years.

　　ア　for　　イ　since　　ウ　before　　　　　　　（京都西山高）

(3) Have you ever （　　） the movie?

　　ア　saw　　イ　sees　　ウ　seen　　エ　to see　　（神戸村野工高）

(4) She has been sick in bed （　　） last week.

　　ア　before　　イ　since　　ウ　for　　エ　during　（東大阪大敬愛高）

(5) A ：　Would you like to go for lunch with us?

　　B ：　Thank you for inviting me, but I （　　）.

　　ア　haven't had lunch yet　　　イ　haven't have lunch yet

　　ウ　have already have lunch　　エ　have already had lunch

　　　　　　　　　　　　　　　　　　　　　　　　　（箕面自由学園高）

(6) My brother （　　） Tokyo three times.

　　ア　have gone to　　イ　has been to　　ウ　went　　エ　goes to

　　　　　　　　　　　　　　　　　　　　　　　　　（大阪学院大高）

(7) I have been （　　） tennis for two hours.

　　ア　play　　イ　plays　　ウ　played　　エ　playing

(8) It has （　　） since last Sunday.

　　ア　been raining　　イ　been rained　　ウ　raining　　エ　rainy

２ 次の英文の（　　）内の語を適当な形に直しなさい。

(1) His mother has (teach) English for 5 years. （　　　　） （アナン学園高）

(2) I (be) to Los Angeles before. （　　　　）　　　　　　（日ノ本学園高）

(3) I have already (buy) the food at that shop. （　　　　）　　（星翔高）

(4) She has been (read) the book since seven o'clock. （　　　　）

4 －

3 次の各組の文がほぼ同じ内容を表すように（　　）内に適当な語を書き入れなさい。

(1) She came to Osaka two years ago, and still lives here.

She has lived in Osaka （　　） two years. （金蘭会高）

(2) I lost my watch and I still can't find it.

I （　　） lost my watch. （神戸常盤女高）

(3) He was busy yesterday, and he is still busy.

He （　　） （　　） busy （　　） yesterday. （近畿大泉州高）

(4) I didn't do my homework yesterday. I have to do it today.

I haven't （　　） my homework （　　）. I have to do it today.

（開明高）

(5) I'm going to visit Nagoya. This is my first visit to Nagoya.

I （　　） （　　） （　　） to Nagoya. （アサンプション国際高）

(6) She went to Canada last Sunday. She is not here now.

She （　　） （　　） to Canada. （関西福祉科学大学高）

(7) Ken started studying English two years ago. Now he is nine and still learns it.

Ken （　　） （　　） English （　　） he （　　） （　　） years old.

（近畿大泉州高）

(8) Thirty years have passed since we saw him.

We （　　） （　　） him for thirty years. （京都女高）

(9) It began raining yesterday and it is still raining now.

It （　　） （　　） raining since yesterday. （大阪暁光高）

4 次の各文を[　　]内の指示に従って書きかえなさい。

(1) I don't hear from my uncle. [for a long time を加えて現在完了の文に]

（追手門学院高）

（　　　　　　　　　　　　　　　　　　　　　　　　）

(2) They have lived in that house for ten years.

[下線部が答えの中心となる疑問文に] （京都西山高）

（　　　　　　　　　　　　　　　　　　　　　　　　）

3 助動詞

近道問題

1 次の各文の（　）にあてはまるものを選びなさい。

(1) （　　　）your sister going to study abroad next March?

　　ア　Are　　イ　Has　　ウ　Is　　エ　Will　　　　　（天理高）

(2) （　　　）I bring you a cup of water? — Yes, please.

　　ア　Please　　イ　Will　　ウ　Let's　　エ　Shall　　（大阪学院大高）

(3) （　　　）we go to the party? Yes, let's.

　　ア　Must　　イ　Can　　ウ　May　　エ　Shall　　（神戸山手女高）

(4) Excuse me. （　　　）I sit here?

　　ア　Would　　イ　Will　　ウ　May　　エ　Had　　　（大阪高）

(5) I （　　　）like to go swimming in the sea if it is sunny tomorrow.

　　ア　could　　イ　had to　　ウ　should　　エ　would　　（筑陽学園高）

(6) You （　　　）come to the club meeting today. I know you're busy.

　　ア　must not　　イ　don't have to　　ウ　will not　　エ　may not

　　　　　　　　　　　　　　　　　　　　　　　　　　（大阪薫英女高）

(7) We （　　　）attend the meeting last weekend.

　　ア　must　　イ　had to　　ウ　don't have to　　エ　couldn't be

　　　　　　　　　　　　　　　　　　　　　　　　　　（立命館宇治高）

(8) It is going to rain this afternoon. You （　　　）take an umbrella with you.

　　ア　would　　イ　may not　　ウ　should　　エ　would like to

　　　　　　　　　　　　　　　　　　　　　　　　　　（近大附高）

(9) You （　　　）be hungry, because you haven't eaten anything since yesterday.

　　ア　can　　イ　must　　ウ　cannot　　エ　must not

　　　　　　　　　　　　　　　　　　　　　　　　　　（神戸学院大附高）

2 次の各組の文がほぼ同じ内容を表すように（　　　）内に適当な語を書き入れなさい。

(1) You must study English.

You have (　　　) study English.　　　　　　　　（神戸常盤女高）

(2) We will visit Hokkaido next year.

We (　　　) (　　　) to visit Hokkaido next year.　　（華頂女高）

(3) Let's go shopping today.

(　　　) (　　　) go shopping today?　　　　　　（賢明学院高）

(4) Don't run in the room.

You (　　　) not (　　　) in the room.　　　　（大阪商大堺高）

(5) I have plans to study abroad next summer.

I'm (　　　) (　　　) study abroad next summer.　（大阪緑涼高）

(6) How about going shopping with me?

Would you (　　　) (　　　) go shopping with me?　（近大附和歌山高）

(7) My father could not sleep last night.

My father was not (　　　) (　　　) sleep last night.　（好文学園女高）

(8) It's not necessary to go to the office today.

You (　　　) (　　　) to go to the office today.　（近江兄弟社高）

(9) I'm sure that the tall man is a musician.

The tall man (　　　) (　　　) a musician.　　（近大附和歌山高）

(10) Would you like me to help you with your homework?

(　　　) (　　　) help you with your homework?　　（明星高）

3 次の各文を [　　] 内の指示に従って書きかえなさい。

(1) Let's go to USJ next Sunday. [助動詞を使って同じ意味になる文に]

（香ヶ丘リベルテ高）

(　　　　　　　　　　　　　　　　　　　　　　　　　）

(2) Yukiko can play the violin. [過去形の文に]　　（華頂女高）

(　　　　　　　　　　　　　　　　　　　　　　　　　）

(3) His uncle must take care of the cat. [過去の文に]　（アナン学園高）

(　　　　　　　　　　　　　　　　　　　　　　　　　）

4 受動態

1 次の各文の（　　）にあてはまるものを選びなさい。

(1) English is （　　） in Australia.

　　ア　spoke　　イ　speaking　　ウ　to speak　　エ　spoken

（甲子園学院高）

(2) That house （　　） ten years ago.

　　ア　is built　　イ　was built　　ウ　is building　　エ　was building

（大商学園高）

(3) The park was filled （　　） children.

　　ア　for　　イ　in　　ウ　to　　エ　with　　（芦屋学園高）

(4) This desk is made （　　） wood.

　　ア　for　　イ　of　　ウ　in　　エ　by　　（近江兄弟社高）

(5) A：　Do you know this book?

　　B：　Yes. It's *Kusamakura*. It （　　） *Natsume Soseki* more than

　　　　100 years ago.

　　ア　is written by　　イ　was written by　　ウ　is writing

　　エ　was writing　　（熊本県）

(6) Cheese is made （　　） milk.

　　ア　into　　イ　by　　ウ　from　　エ　of　　（早稲田摂陵高）

(7) It has been snowing since last night. The roofs of the houses （　　）

　　snow.

　　ア　have covered with　　イ　are covered with　　ウ　are covered by

　　エ　was covered with　　（ノートルダム女学院高）

(8) How many people （　　） to Jim's birthday party?

　　ア　was invited　　イ　were invited　　ウ　invited　　エ　did invite

（滋賀短期大学附高）

(9) I hear that the new city hall is （　　） next year.

　　ア　building　　イ　built　　ウ　going to be built

　　エ　going to be building　　（大阪桐蔭高）

2 次の各組の文がほぼ同じ内容を表すように（　　　）内に適当な語を書き入れなさい。

(1) Tom opened the window.

The window （　　　） opened by Tom. 　　（福岡大附若葉高）

(2) What language do they speak in Canada?

What language （　　　）（　　　） in Canada? 　　（上宮高）

(3) What do you call this flower in English?

What （　　　） this flower （　　　） in English? 　　（金光八尾高）

(4) We make grapes into wine.

Wine is （　　　）（　　　） grapes. 　　（賢明学院高）

(5) My birthday is December 3.

I （　　　）（　　　） on December 3. 　　（大阪緑涼高）

(6) Mr. Tanimoto wrote his students this letter.

This letter （　　　）（　　　）（　　　） his students by Mr. Tanimoto.

　　（アサンプション国際高）

(7) The noise surprised him.

He （　　　）（　　　）（　　　） the noise. 　　（関大第一高）

(8) I was spoken to by a foreigner in the park.

A foreigner （　　　）（　　　）（　　　） in the park. 　　（育英高）

(9) Were you helped by the dog?

（　　　） the dog （　　　） you? 　　（プール学院高）

3 次の各文を ［　　　］ 内の指示に従って書きかえなさい。

(1) Did Nancy write this letter? ［下線部を主語にして受動態に］（京都西山高）

（　　　　　　　　　　　　　　　　　　　　　　　　　　　　）

(2) Chikako took this picture in Kyoto. ［This picture を主語にした文に］

　　（香ヶ丘リベルテ高）

（　　　　　　　　　　　　　　　　　　　　　　　　　　　　）

(3) All of the players know Mr. Matsui. ［Mr. Matsui を主語にして同じ内容の受動態の文に］ 　　（アナン学園高）

（　　　　　　　　　　　　　　　　　　　　　　　　　　　　）

5 形容詞・副詞・比較① 近道問題

1 次の各文の（　）にあてはまるものを選びなさい。

(1) Did you buy （　　） orange juice?

　ア　a few　　イ　an　　ウ　any　　　　　　　　　　　　（精華女高）

(2) Winter is the （　　） of the four seasons.

　ア　cold　　イ　colder　　ウ　coldest　　　　　　（光泉カトリック高）

(3) My mother can cook very （　　）.

　ア　much　　イ　good　　ウ　well　　エ　delicious　　（上宮太子高）

(4) We have （　　） snow in winter.

　ア　many　　イ　few　　ウ　a lot of　　エ　hardly　　（甲子園学院高）

(5) I had （　　） time to read books.

　ア　no　　イ　not　　ウ　don't　　エ　never　　（神戸村野工高）

(6) Bill is the fastest runner （　　） all the students.

　ア　in　　イ　within　　ウ　of　　エ　from　　（関西福祉科学大学高）

(7) English is my （　　） subject.

　ア　favorite　　イ　interested　　ウ　like　　エ　love　　（筑陽学園高）

(8) I have （　　） to do today.

　ア　a lot of homeworks　　イ　a lot of homework

　ウ　many homework　　エ　much homeworks　　　　　　（東福岡高）

(9) A：　How about （　　） cup of coffee?

　　B：　Yes, please.

　ア　another　　イ　any　　ウ　others　　エ　some　（龍谷大付平安高）

(10) He speaks English as （　　） as you.

　ア　well　　イ　good　　ウ　nice　　エ　most　　（大阪信愛学院高）

(11) That is the （　　） bike of the five.

　ア　better　　イ　best　　ウ　good　　エ　well　　（奈良女高）

(12) Ken practiced tennis after school today. He was very （　　）, so he went to bed early.

　ア　useful　　イ　tired　　ウ　right　　エ　long　　（大阪夕陽丘学園高）

(13) Ken is as (　　　) I am.

　　ア　tall as　　イ　taller than　　ウ　the tallest as

　　エ　twice taller than　　　　　　　　　　（関西創価高）

(14) Sammy is too (　　　) to speak in front of his classmates.

　　ア　shy　　イ　busy　　ウ　different　　エ　surprising （橿原学院高）

(15) I don't want (　　　) sugar in my coffee. Just a little, please.

　　ア　many　　イ　few　　ウ　much　　エ　some　　　（明星高）

(16) New York is one of (　　　) in the world.

　　ア　a big city　　イ　the big city　　ウ　the biggest city

　　エ　the biggest cities　　　　　　　　　（京都文教高）

(17) You should go to the hospital as soon as (　　　).

　　ア　can　　イ　could　　ウ　possible　　エ　able　（東大阪大敬愛高）

(18) Tom has (　　　) I do.

　　ア　as twice many books as　　イ　twice as many as books

　　ウ　twice as many books as　　エ　as twice many as books

　　　　　　　　　　　　　　　　　　　　　（大阪国際高）

2 次の英文の (　　　) 内の語を適当な形に直しなさい。

(1) What is the (long) river in Japan? (　　　)　　　　（華頂女高）

(2) Which ball is (big), this one or that one? (　　　)

(3) What sport do you like the (good)? (　　　)　　（アナン学園高）

(4) Annie plays basketball (well) than me. (　　　)　（橿原学院高）

(5) This soup is (hot) than that. (　　　)　　　　　（金光大阪高）

(6) Which is (difficult), Chinese or Korean? (　　　)　　（金蘭会高）

(7) Who can play the piano the (well) in this class? (　　　)

　　　　　　　　　　　　　　　　　　　（香ヶ丘リベルテ高）

(8) She is the (popular) of the five singers. (　　　)　（金光大阪高）

(9) Which is (exciting) to you, volleyball or basketball? (　　　)

　　　　　　　　　　　　　　　　　　　　　（京都明徳高）

6 形容詞・副詞・比較② 近道問題

● 次の各組の文がほぼ同じ内容を表すように（　　）内に適当な語を書き入れなさい。

(1) There weren't any people in the park.

There were （　　） people in the park.　　　　　　　　　　（梅花高）

(2) Mt. Rokko is lower than Mt. Fuji.

Mt. Fuji is （　　） than Mt. Rokko.　　　　　　　　（神戸村野工高）

(3) The book is so difficult that I can't read it.

The book is （　　） difficult to read.

(4) That building has been near my house for fifty years.

That building near my house is fifty years （　　）.　　（京都精華学園高）

(5) Hideki went to the library with Miyuki.

Hideki and Miyuki went to the library （　　）.

(6) My mother always goes to bed after me.

I always go to bed （　　） than my mother.　　　　　　（大商学園高）

(7) My father is 35 years old. My mother is 31 years old.

My mother is four years （　　） than my father.　　　　（大阪商大高）

(8) Yuki is a good tennis player.

Yuki （　　） tennis （　　）.　　　　　　　　　　（大阪産業大附高）

(9) Hideki wants to study abroad.

Hideki wants to study （　　） a （　　） country.　　　　　（上宮高）

(10) I can sing better than my brother.

My brother can't sing as （　　） （　　） I.　　　　　　　（東大谷高）

(11) Betty is younger than Alice. Nancy is older than Alice.

Nancy is （　　） （　　） （　　） the three.　　　　　（関大第一高）

(12) He is taller than I.

I am （　　） （　　） tall （　　） him.　　　　　（東海大付福岡高）

(13) Soccer is more popular than any other sport in England.

Soccer is the （　　） popular （　　） all the sports in England.

（プール学院高）

(14) Be on time.

Don't (　　　) (　　　). （奈良大附高）

(15) There is no man in that library.

There aren't (　　　) (　　　) in that library. （大阪商大堺高）

(16) No student in our school runs faster than Satoru.

Satoru is (　　　) (　　　) runner in our school. （関西大学北陽高）

(17) Time is the most precious thing.

(　　　) (　　　) more precious than time. （京都成章高）

(18) Tomomi is the cleverest girl in our class.

Tomomi is (　　　) than any other (　　　) in our class.

（追手門学院高）

(19) It rained a lot last month.

We had (　　　) (　　　) last month. （大阪信愛学院高）

(20) We will have rain tomorrow.

(　　　) will be (　　　) tomorrow. （大阪体育大学浪商高）

(21) This is the largest room in our hotel.

(　　　) other room in this hotel is (　　　) than this. （金光八尾高）

(22) Naomi can fold origami well. Her brother can fold origami well too.

Naomi's brother can fold origami (　　　) (　　　) (　　　) she can.

(23) I like baseball the best of all sports.

(　　　) (　　　) (　　　) is baseball. （アサンプション国際高）

(24) The Olympic Games are held once in four years.

The Olympic Games are held (　　　) four years. （関西福祉科学大学高）

(25) You don't have to clean all the rooms in the house.

It (　　　) (　　　) for you to clean all the rooms in the house.

（西南学院高）

(26) Yukiko and I were classmates at the junior high school.

Yukiko and I were (　　　) the (　　　) class at the junior high school.

（上宮高）

(27) We can't tell what will happen in the future.

It is (　　　) to tell what will happen in the future. （桃山学院高）

7 命令文・感嘆文・名詞・代名詞① 近道問題

1 次の各文の（　）にあてはまるものを選びなさい。

(1) Hurry up, (　　　) you will miss the train.

　　ア　and　　イ　or　　ウ　so　　　　　　　　　　（香ヶ丘リベルテ高）

(2) Joe Biden is the new (　　　) of the United States.

　　ア　teacher　　イ　leader　　ウ　driver　　（アサンプション国際高）

(3) (　　　) cute pens you have!

　　ア　What　　イ　How　　ウ　Why　　　　　　（近大附和歌山高）

(4) Takeshi, (　　　) play the piano after nine in the evening.

　　ア　don't　　イ　doesn't　　ウ　didn't　　　　　　（履正社高）

(5) (　　　) a beautiful flower it is!

　　ア　How　　イ　Which　　ウ　What　　　　（光泉カトリック高）

(6) How many (　　　) are there in your house?

　　ア　foot　　イ　oceans　　ウ　noon　　エ　rooms　（神戸村野工高）

(7) Practice hard, (　　　) you will win the game.

　　ア　if　　イ　and　　ウ　or　　エ　but　　　　（平安女学院高）

(8) (　　　) huge the baseball field in your school is!

　　ア　Very　　イ　What　　ウ　How　　エ　So　　（初芝立命館高）

(9) My favorite (　　　) is spring because we have many beautiful flowers then.

　　ア　season　　イ　food　　ウ　experience　　エ　place　　（佐賀県）

(10) I like to go camping. It's a lot of (　　　).

　　ア　time　　イ　summer　　ウ　fun　　エ　chance　（智辯学園高）

(11) We have twenty-four (　　　) in a day.

　　ア　hours　　イ　minutes　　ウ　seconds　　エ　times　（城南学園高）

(12) I don't like this wine glass. Please show me (　　　).

　　ア　it　　イ　one　　ウ　other　　エ　another　　　　（育英高）

(13) I want a (　　　) of tea.

　　ア　pair　　イ　cup　　ウ　slice　　エ　piece　　（福岡大附若葉高）

(14) In Japan, winter is usually from ( ) to February.

　　ア　July　　イ　April　　ウ　December　　エ　September （徳島県）

(15) Some of ( ) live in Kyoto City.

　　ア　ours　　イ　us　　ウ　our　　エ　we　　　　　　（京都文教高）

(16) I met Hanna on the ( ) to school this morning.

　　ア　minute　　イ　way　　ウ　goal　　エ　second　　（橿原学院高）

(17) ( ) noisy in the library. A lot of people are reading books.

　　ア　No　　イ　Don't　　ウ　Be not　　エ　Don't be

　　　　　　　　　　　　　　　　　　　　　　（大阪体育大学浪商高）

(18) I have a dog. ( ) hair is very long.

　　ア　It　　イ　Its　　ウ　It's　　エ　Their　　（大阪偕星学園高）

(19) A： Goodbye, Karen.

　　 B： Goodbye, Lisa. ( ) careful when you cross the street.

　　ア　Be　　イ　Don't be　　ウ　Don't　　エ　Do be

　　　　　　　　　　　　　　　　　　　　　　（龍谷大付平安高）

(20) I'm going to Okinawa on ( ).

　　ア　company　　イ　business　　ウ　office　　エ　job

　　　　　　　　　　　　　　　　　　　　　　（大阪夕陽丘学園高）

2 次の各文を [　　] 内の指示に従って書きかえなさい。

(1) Look at that car. It is ours. ［ほぼ同じ内容を表す文に］

　　Look at that car. It is ( ) ( ).

(2) This cake is very big. ［ほぼ同じ内容を表す文に］

　　( ) ( ) big cake this is!　　　　　　（芦屋学園高）

(3) I have no food. ［2つの英文がほぼ同じ意味になるように］

　　I have ( ) ( ) eat.　　　　　　（四條畷学園高）

(4) You are kind to everyone. ［「～してください」という文に］

　　( ) ( ) kind to everyone.　　　　　　（金光大阪高）

(5) What a good cook my father is! ［How で始まる感嘆文に］

　　How ( ) ( ) ( ) ( )!　　　　　　（近大附和歌山高）

8 命令文・感嘆文・名詞・代名詞② 近道問題

1 次の各組の文がほぼ同じ内容を表すように（　　）内に適当な語を書き入れなさい。

(1) Shall we go shopping?

（　　　）go shopping.　　　　　　　　　　　　　　　　（梅花高）

(2) This pencil is mine.

This is（　　　）pencil.　　　　　　　　　　　　（神戸常盤女高）

(3) Mr. Tanaka is my mother's brother.

Mr. Tanaka is my（　　　）.　　　　　　　　　　（好文学園女高）

(4) What an expensive car this is!

（　　　）expensive this car is!　　　　　　　　　　（東山高）

(5) Nozomi is one of my friends.

Nozomi is a friend of（　　　）.　　　　　　　　（大商学園高）

(6) Who can sing the best in your class?

Who is the best（　　　）in your class?　　　　　（京都明徳高）

(7) The man kindly told me how to get to the station.

The man kindly told me（　　　）（　　　）to the station.

（桃山学院高）

(8) He plays tennis very well.

He is a very（　　　）tennis（　　　）.　　　　　（履正社高）

(9) You must not run in the classroom.

（　　　）（　　　）in the classroom.　　　　　　　（上宮高）

(10) I am on the baseball team.

I am a（　　　）（　　　）the baseball team.　　（報徳学園高）

(11) All the children in my family are interested in the TV drama.

Each（　　　）in my family（　　　）interested in the TV drama.

（帝塚山高）

(12) You mustn't be late for the party.

（　　　）（　　　）late for the party.　　　　　　　（大谷高）

(13) Do you drive to work?

Do you go to work (　　　) (　　　)?

(14) I'm busy today, so I can't see you.

I (　　　) no (　　　) to see you today.　　　　　(大阪暁光高)

(15) I got a letter from my aunt.

My aunt sent a letter (　　　) (　　　).　　　　(大阪体育大学浪商高)

(16) Health is more important than any other thing.

(　　　) is more important than health.　　　　(大阪産業大附高)

(17) Maki has three children. They are all boys

Maki has three (　　　).　　　　　　　　　　　(大阪国際高)

(18) They are all high school students.

All (　　　) (　　　) are high school students.　　(神戸星城高)

(19) If you don't wear your coat, you'll catch a cold.

(　　　) your coat, (　　　) you'll catch a cold.　　(金光八尾高)

(20) What a good guitar player your father is!

How (　　　) your father (　　　) the guitar!　　(姫路女学院高)

(21) Henry looks younger than he is.

Henry looks (　　　) for his (　　　).　　　　　(四天王寺高)

(22) When I appeared as a monster, every baby started to cry.

When I appeared as a monster, all the (　　　) started to cry.

(東山高)

2　次の英文の (　　　) 内の語を適当な形に直しなさい。

(1) Some (girl) are walking in the park.　(　　　)

(2) My mother told (I) to clean my room.　(　　　)　　(京都廣学館高)

(3) Was this room cleaned by (she)?　(　　　)　　(大阪産業大附高)

(4) That eraser is (he).　(　　　)　　　　　　(香ヶ丘リベルテ高)

(5) Is this book yours or (she)?　(　　　)　　　　(華頂女高)

(6) How many (story) do you know?　(　　　)　　(金蘭会高)

(7) This is a secret between (we).　(　　　)

(8) You can see three (knife) on the table.　(　　　)　(橿原学院高)

9 不定詞・動名詞① 近道問題

● 次の各文の（　）にあてはまるものを選びなさい。

(1) People enjoyed（　　　）the baseball game.

　　ア　watch　　イ　to watch　　ウ　watching　　（アナン学園高）

(2) I was surprised（　　　）hear the news.

　　ア　at　　イ　with　　ウ　to　　（精華女高）

(3) It is interesting（　　　）us to practice tennis.

　　ア　with　　イ　on　　ウ　in　　エ　for　　（神戸第一高）

(4) Cathy went to New York（　　　）her friend.

　　ア　meet　　イ　met　　ウ　to meet　　エ　meeting　　（近大附高）

(5) My father finished（　　　）a newspaper.

　　ア　reading　　イ　to read　　ウ　read　　エ　reads

（東大阪大柏原高）

(6) My hobby is（　　　）pictures.

　　ア　take　　イ　taking　　ウ　taken　　エ　took　　（筑陽学園高）

(7) She needs someone（　　　）her.

　　ア　help　　イ　helped　　ウ　helping　　エ　to help　　（大阪暁光高）

(8) Ben asked me（　　　）here.

　　ア　to wait　　イ　waited　　ウ　waiting　　エ　wait　　（芦屋学園高）

(9) I'll go camping. Please tell me（　　　）to bring.

　　ア　whose　　イ　what　　ウ　why　　エ　when　　（洛陽総合高）

(10) She is good at（　　　）tennis.

　　ア　playing　　イ　to play　　ウ　plays　　エ　play

（大阪偕星学園高）

(11) My brother hopes（　　　）a baseball player.

　　ア　being　　イ　is being　　ウ　to be　　エ　to being

（大阪青凌高）

(12) My sister is（　　　）any more.

　　ア　too tired to work　　イ　to tired too work

　　ウ　too tired to working　　エ　to tired for work　　（大阪高）

⒀ It's very cold today. Could you give me (　　　)?

ア to drink something hot 　 イ hot something to drink

ウ something hot to drink 　 エ to drink hot something

（神戸学院大附高）

⒁ Mark didn't know (　　) a nice hat.

ア what is 　 イ which to buy 　 ウ who is 　 エ where to buy

（大阪体育大学浪商高）

⒂ Naomi was happy (　　) a letter from her old friend.

ア to receive 　 イ received 　 ウ with receive 　 エ receives

（大商学園高）

⒃ My mother told me (　　) my room before dinner.

ア will clean 　 イ to clean 　 ウ cleaning 　 エ cleaned

（東海大付福岡高）

⒄ We were all surprised because she left the room without (　　) anything.

ア say 　 イ said 　 ウ to say 　 エ saying 　 （大阪薫英女高）

⒅ My sister is looking forward to (　　) you again.

ア seen 　 イ saw 　 ウ seeing 　 エ see 　 （箕面学園高）

⒆ This roller coaster moves very fast. My little brother is (　　) ride it.

ア too big to 　 イ small enough to 　 ウ so small that

エ too small to 　 （ノートルダム女学院高）

⒇ Ken stopped (　　) the guide sign on his way to the station because he didn't know the way there.

ア to see 　 イ seeing 　 ウ for see 　 エ at seeing

（智辯学園和歌山高）

㉑ *Teacher:* Please stop (　　) with each other. You're very noisy.

　 Student: Sorry, but we were exchanging our ideas about the subject.

ア talk 　 イ talking 　 ウ talked 　 エ to talk

（東海大付大阪仰星高）

10 不定詞・動名詞② 近道問題

1 次の英文の ( ) 内の語を適当な形に直しなさい。

(1) I want (send) this letter tomorrow. (　　　)

(2) I have a lot of things (do) today. (　　　)　　　　　　　（金蘭会高）

(3) Mr. Tanaka enjoyed (eat) lunch with his family. (　　　　)

（京都廣学館高）

(4) I can't see the picture without (remember) my mother. (　　　　)

（橿原学院高）

(5) My father told me (get) up early. (　　　)　　（関西福祉科学大学高）

2 次の各組の文がほぼ同じ内容を表すように ( ) 内に適当な語を書き入れなさい。

(1) He is a good cook.
He is good at (　　　　). （神戸村野工高）

(2) I like to watch TV in the evening.
I like (　　　　) TV in the evening. （太成学院大高）

(3) You must do a lot of homework today.
You have a lot of homework (　　　) do today. （金光大阪高）

(4) Could you tell me the way to the station?
Could you tell me (　　　) (　　　) get to the station? （大阪商大高）

(5) I don't know what time I should start.
I don't know (　　　) (　　　) start. （関西福祉科学大学高）

(6) I am so hungry that I can't move.
I am (　　　) hungry (　　　) move. （神戸常盤女高）

(7) Reading the book is interesting.
(　　　) is interesting (　　　) read the book. （上宮太子高）

(8) Why don't we go for a drive together?
How (　　　) (　　　) for a drive together? （立命館高）

(9) We don't have any food in the refrigerator now.
There is (　　　) (　　　) eat in the refrigerator now. （近大附和歌山高）

(10) I said to my mother, "Can you take me shopping?"

I (　　　) my mother (　　　) take me shopping.　　(京都女高)

(11) He watched TV and then went to bed.

He went to bed (　　　) (　　　) TV.　　(追手門学院高)

(12) Asako didn't have any clothes for the party.

Asako had (　　　) to (　　　) for the party.　　(東福岡高)

(13) It wasn't easy for her to answer the question.

(　　　) the question was (　　　) for her.　　(華頂女高)

(14) I am very happy because I have such a good friend.

I am very happy (　　　) (　　　) such a good friend.　　(東大谷高)

(15) Ken ate dinner after he did his homework.

Ken did his homework (　　　) (　　　) dinner.　　(履正社高)

(16) Koji bought nothing and left the store.

Koji left the store (　　　) (　　　) anything.　　(大阪体育大学浪商高)

(17) You don't have to clean your room now.

It's not (　　　) for you (　　　) clean your room now. (大阪女学院高)

(18) Shall I open the window?

Do you (　　　) (　　　) to open the window?　　(上宮高)

(19) Bob is so tall that he can touch the ceiling.

Bob is tall (　　　) (　　　) touch the ceiling.　　(立命館高)

3 次の各文を [　　] 内の指示に従って書きかえなさい。

(1) To make friends is easy for me. [It is から始まる文に]

(大阪体育大学浪商高)

(　　　　　　　　　　　　　　　　　　　　　　　　　　　　　)

(2) Their son is so young that he can't work.

[too ～ to …を用いて同じ意味の文に]

(　　　　　　　　　　　　　　　　　　　　　　　　　　　　　)

(3) Masashi's hobby is to collect trading cards.

[動名詞を用いて同じ意味の文に] (市川高)

(　　　　　　　　　　　　　　　　　　　　　　　　　　　　　)

11 関係代名詞

1 次の各文の（　　）にあてはまるものを選びなさい。

(1) I saw a cat (　　) was sleeping on the bed.

　ア who　イ what　ウ that　　　　　　　　　（太成学院大高）

(2) I know a man (　　) has an expensive car.

　ア he　イ which　ウ who　エ what　　　　（初芝橋本高）

(3) The dress (　　) her sister made was pretty.

　ア who　イ which　ウ what　エ where

　　　　　　　　　　　　　　　　　　　（香里ヌヴェール学院高）

(4) The building (　　) stands on the hill is a restaurant.

　ア which　イ where　ウ who　エ whose　（桃山学院高）

(5) The movie (　　) last night was really nice.

　ア who watched　イ who I watched　ウ which watched

　エ which I watched　　　　　　　　　（九州産大付九州高）

(6) The boy (　　) is my brother.

　ア who the contest won twice　イ won who the contest twice

　ウ who won the contest twice　エ won the contest twice who

　　　　　　　　　　　　　　　　　　　　　　　　（大阪府）

(7) This is the boy (　　) father is an English teacher.

　ア who　イ whose　ウ whom　エ which　（初芝立命館高）

(8) The watch (　　) is very cute.

　ア my mother gave it to me　イ my mother gave to me

　ウ given to me my mother　エ given it my mother to me

　　　　　　　　　　　　　　　　　　　　　　（東福岡高）

(9) We were watching a girl and her dog (　　) running together.

　ア that was　イ that were　ウ which was　エ who were

　　　　　　　　　　　　　　　　　　　　　（大阪青凌高）

2 次の各組の文がほぼ同じ内容を表すように（　　）内に適当な語を書き入れなさい。

(1) I have a dog. It has blue eyes.

I have a dog (　　　) (　　　) blue eyes. 　　　　　　　（神戸星城高）

(2) Do you know the girl standing over there?

Do you know the girl (　　　) (　　　) standing over there?

（好文学園女高）

(3) The child is my son. He is playing in the park.

The child (　　　) (　　　) playing in the park is my son.

（上宮太子高）

(4) This is a picture taken by my girlfriend in New York.

This is a picture (　　　) my girlfriend (　　　) in New York.

（天理高）

(5) My grandmother lived in a house built 50 years ago.

My grandmother lived in a house (　　　) (　　　) (　　　) 50 years

ago. 　　　　　　　　　　　　　　　　　　　　（プール学院高）

3 次の各文を [　　　] 内の指示に従って書きかえなさい。

(1) The book is interesting. It is on the table.

[関係代名詞を用いて 2 文を 1 文に]

(　　　　　　　　　　　　　　　　　　　　　　　　　)

(2) The bags are very nice. They were made in Italy.

[関係代名詞を用いて 2 文を 1 文に]（追手門学院高）

(　　　　　　　　　　　　　　　　　　　　　　　　　)

(3) He has some books. The books were written by Mr. Murakami.

[関係代名詞 that を使って一つの文に]（アナン学園高）

(　　　　　　　　　　　　　　　　　　　　　　　　　)

(4) I met a girl. Her hair was long. [関係代名詞を用いて 1 文に]

（大阪体育大学浪商高）

(　　　　　　　　　　　　　　　　　　　　　　　　　)

(5) Mary is a girl with blue eyes.

[who を用いて同じ内容の文に，ただし，Mary から文を始めること]

（浪速高）

(　　　　　　　　　　　　　　　　　　　　　　　　　)

12 現在分詞・過去分詞　近道問題

1 次の各文の（　　）にあてはまるものを選びなさい。

(1) The boy （　　　） there is my brother.
　　ア　is swimming　　イ　swimming　　ウ　swims　　（アナン学園高）

(2) This is a watch （　　　） in Japan.
　　ア　made　　イ　make　　ウ　making　　エ　to make
　　　　　　　　　　　　　　　　　　　　　　　　（甲子園学院高）

(3) The （　　　） cat is my pet.
　　ア　sleep　　イ　sleeping　　ウ　slept　　エ　sleeps　　（大阪高）

(4) One of the languages （　　　） all over the world is English.
　　ア　speak　　イ　spoke　　ウ　spoken　　エ　speaking
　　　　　　　　　　　　　　　　　　　　　　　　（大阪信愛学院高）

(5) I have a brother （　　　） for a bank.
　　ア　work　　イ　works　　ウ　worked　　エ　working　　（滝川第二高）

(6) That is a school （　　　） 100 years ago.
　　ア　build　　イ　building　　ウ　built　　エ　have built
　　　　　　　　　　　　　　　　　　　　　　　　（神戸村野工高）

(7) The girl （　　　） tennis over there is my sister.
　　ア　played　　イ　who playing　　ウ　who was played　　エ　playing
　　　　　　　　　　　　　　　　　　　　　　　　（大阪薫英女高）

(8) The garden was filled with （　　　） leaves.
　　ア　fall　　イ　fell　　ウ　falling　　エ　fallen　　（開智高）

(9) Jim showed us the pictures （　　　） in Australia.
　　ア　took　　イ　taking　　ウ　taken　　エ　to take　　（大阪国際高）

(10) Mike was surprised to see the （　　　） window.
　　ア　break　　イ　breaking　　ウ　broke　　エ　broken　　（芦屋学園高）

(11) The book （　　　） is interesting. A lot of people read her books.
　　ア　Cathy written　　イ　written by Cathy　　ウ　wrote Cathy
　　エ　writing by Cathy　　　　　　　　　　　　　　（園田学園高）

2 次の英文の（　　）内の語を適当な形に直しなさい。

(1) I know the (sing) girl very well. （　　　）　　　（金光大阪高）

(2) What are the languages (speak) in Canada? （　　　）　　（梅花高）

(3) The girl (sit) by the window is my friend. （　　　）　　（育英高）

(4) That (use) car is not mine. （　　　）　　　（阪南大学高）

(5) The room (clean) by Yasuyuki is on the fifth floor. （　　　）

　　　　　　　　　　　　　　　　　　　　　　　　　　　（日ノ本学園高）

(6) Be careful of the (break) glass. （　　　）　　（関西福祉科学大学高）

(7) Look at the mountain (cover) with snow. （　　　）

(8) I'm interested in reading (excite) stories like Harry Potter. （　　　）

　　　　　　　　　　　　　　　　　　　　　　　　　　　（京都産業大附高）

3 次の各組の文がほぼ同じ内容を表すように（　　）内に適当な語を書き入れなさい。

(1) My mother has a car which was made in Japan.

　　My mother has a car （　　　） in Japan.　　　（育英高）

(2) The girl is studying in the library. Do you know her?

　　Do you know the girl （　　　） in the library?　　（大阪国際高）

(3) I have a son. His name is Takashi.

　　I have a son （　　　） Takashi.　　（関西福祉科学大学高）

(4) This is the photo Mr. Smith took.

　　This is the photo （　　　）（　　　） Mr. Smith.　　（大阪体育大学浪商高）

(5) You can see the picture Tom drew.

　　You can see the picture （　　　）（　　　） Tom.　　（四天王寺高）

(6) For many years people in Sudan have suffered from war and hunger.

　　People （　　　） in Sudan （　　　）（　　　） hurt by war and hunger
　　for many years.　　（同志社国際高）

(7) Please tell us the name of the dog which is sleeping on the sofa.

　　（　　　） the name of the dog （　　　） on the sofa?　　（近大附和歌山高）

(8) I want to live in a wooden house.

　　I want to live in a house （　　　）（　　　） wood.　　（立命館高）

13 前置詞　近道問題

1 次の各文の（　　）にあてはまるものを選びなさい。

(1) What do you call it （　　） English?

　　ア　at　　イ　in　　ウ　of　　　　　　　　　　　　　（梅花高）

(2) My father and I talked （　　） the phone last night.

　　ア　on　　イ　in　　ウ　by　　　　　　　　　　　　　（精華女高）

(3) He takes care （　　） his little brother.

　　ア　at　　イ　on　　ウ　of　　　　　　　　　　　　　（星翔高）

(4) I go to school （　　） bus.

　　ア　on　　イ　by　　ウ　at　　エ　between　　　　　（昇陽高）

(5) My mother was born （　　） August.

　　ア　at　　イ　on　　ウ　in　　エ　with　　　　　　（金光大阪高）

(6) Please send a letter （　　） me.

　　ア　at　　イ　on　　ウ　of　　エ　to　　　　（福岡工大附城東高）

(7) A lot of people go to the park （　　） spring.

　　ア　in　　イ　at　　ウ　on　　エ　for　　　（滋賀短期大学附高）

(8) We have many buildings （　　） our town.

　　ア　on　　イ　in　　ウ　at　　エ　of　　　　（東大阪大柏原高）

(9) I invited Tom （　　） my birthday party.

　　ア　to　　イ　of　　ウ　with　　エ　between

(10) We are looking （　　） our dog Daisy.

　　ア　by　　イ　for　　ウ　of　　エ　from　　　　（平安女学院高）

(11) Australia is famous （　　） its beautiful beach.

　　ア　for　　イ　at　　ウ　in　　エ　on　　　　　　（園田学園高）

(12) There is a supermarket （　　） my house.

　　ア　among　　イ　between　　ウ　near　　エ　with　（神戸村野工高）

(13) I did my homework （　　） dinner.

　　ア　later　　イ　after　　ウ　between　　エ　among　（阪南大学高）

(14) The third （　　） February is my birthday.

　　ア　at　　イ　from　　ウ　of　　エ　since　　　　（自由ケ丘高）

(15) I will be free (　　　) five tomorrow.

　ア　by　　イ　to　　ウ　until　　エ　in　　　　　　(初芝立命館高)

(16) *John:*　　Oh, you're working hard on the French homework.

　　Mary:　　Yes, but I don't like French. Please help me (　　　) it.

　ア　for　　イ　on　　ウ　to　　エ　with　　　　　(東海大付大阪仰星高)

(17) You have to put (　　　) a mask when you go out.

　ア　into　　イ　off　　ウ　on　　エ　up　　　　　　(筑陽学園高)

(18) We are looking forward (　　　) seeing you.

　ア　to　　イ　on　　ウ　with　　エ　at　　　　　　(奈良女高)

(19) Do you know that woman (　　　) a red bag.

　ア　with　　イ　in　　ウ　by　　エ　at　　　　　(東大阪大敬愛高)

(20) The girl (　　　) white is called Yuri.

　ア　with　　イ　on　　ウ　in　　エ　at　　　　　(雲雀丘学園高)

(21) A：　Oh, I have nothing to write (　　　).

　　B：　Don't worry. I can give you a sheet of paper.

　ア　with　　イ　on　　ウ　for　　エ　by　　　　(龍谷大付平安高)

2　次の各組の文がほぼ同じ内容を表すように（　　　）内に適当な語を書き入れ
なさい。

(1) I am Japanese.

　　I came (　　　) Japan.　　　　　　　　　　(神戸常盤女高)

(2) My mother bought me this watch.

　　My mother bought this watch (　　　) (　　　).　　　(浪速高)

(3) She didn't say anything when she went out of this room.

　　She went out of this room (　　　) saying anything.　(大阪産業大附高)

(4) Your idea is not the same as mine.

　　Your idea is (　　　) (　　　) mine.　　　　　　(立命館高)

(5) There is a bank across the street.

　　There is a bank (　　　) the (　　　) side of the street.　(西南学院高)

(6) I went to the museum while I was staying in the US.

　　I (　　　) the museum (　　　) my (　　　) in the US.　(四天王寺高)

14 接続詞

1 次の各文の（　　）にあてはまるものを選びなさい。

(1) I stayed at home（　　）it was raining very hard.

　　ア　because　　イ　so　　ウ　but　　　　　　　　（大阪暁光高）

(2) Alice sat between Misa（　　）Toshi.

　　ア　but　　イ　of　　ウ　or　　エ　and　　　　　（大阪産業大附高）

(3) Who swims faster, Ben（　　）Mike?

　　ア　and　　イ　but　　ウ　than　　エ　or　　　　（初芝橋本高）

(4) （　　）it rains, we will have to give up our trip.

　　ア　Because　　イ　Though　　ウ　If　　エ　After　　（市川高）

(5) Wash your hands（　　）you eat a meal.

　　ア　or　　イ　before　　ウ　while　　エ　though　　（大谷高）

(6) Kate always studies in the living room（　　）her mother is making dinner.

　　ア　before　　イ　during　　ウ　after　　エ　while　　（筑陽学園高）

(7) Hurry up, （　　）you won't catch the train.

　　ア　and　　イ　or　　ウ　so　　エ　because　　（関西福祉科学大学高）

(8) I had breakfast this morning, （　　）I'm hungry now.

　　ア　and　　イ　but　　ウ　so　　エ　for　　　　（神戸第一高）

(9) （　　）my friend visited me, I wasn't at home.

　　ア　If　　イ　Till　　ウ　When　　エ　Because　　（城南学園高）

(10) Please wait here（　　）I come back.

　　ア　since　　イ　when　　ウ　if　　エ　until　　（早稲田摂陵高）

(11) A： Did you watch the movie last night?

　　B： Yes, I did. It was so exciting（　　）I wanted to watch it again.

　　ア　that　　イ　which　　ウ　when　　エ　why　　（熊本県）

(12) Ten years have passed（　　）my family came to Osaka.

　　ア　since　　イ　after　　ウ　before　　エ　when　　（大阪産業大附高）

⒀　Emily couldn't catch the 8:00 train, (　　　　) she had to walk to school.

　　ア　so　　イ　but　　ウ　that　　エ　when　　（大阪信愛学院高）

⒁　(　　　　) he didn't know the right answer, he told his teacher that he
　　could answer the question.

　　ア　Though　　イ　However　　ウ　If　　エ　Before　　（関西学院高）

2　次の各組の文がほぼ同じ内容を表すように（　　　）内に適当な語を書き入れ
なさい。

⑴　Study hard, and you can pass the test.

　　(　　　　) you study hard, you can pass the test.　　（金光大阪高）

⑵　This box is too heavy for me to carry.

　　This box is so heavy (　　　) I (　　　) carry it.　　（華頂女高）

⑶　He is clever enough to solve the problem.

　　He is (　　　) clever (　　　) he can solve the problem.　（報徳学園高）

⑷　Kanako likes reading books. Jun also likes it.

　　(　　　) Kanako (　　　) Jun (　　　) reading books.　（近畿大泉州高）

⑸　I learned to play the piano at the age of ten.

　　I learned to play the piano (　　　) I (　　　) ten years old.

　　　　　　　　　　　　　　　　　　　　　　　　　　　　　（賢明学院高）

⑹　I can't finish this work without your help.

　　(　　　) you (　　　) help me, I can't finish this work.　（神戸星城高）

⑺　Sota visited us during dinner last night.

　　Sota visited us (　　　) we were (　　　) dinner last night.（京都橘高）

⑻　She must be a dentist.

　　I am (　　　) (　　　) (　　　) a dentist.　　（四天王寺高）

⑼　Jane helps George when he can't do his math homework. George helps
　　Jane when she can't do her English homework.

　　(　　　) their homework is too difficult, Jane and George help (　　　)
　　(　　　).　　（大阪女学院高）

15 いろいろな疑問文①　近道問題

1 次の各文の（　　）にあてはまるものを選びなさい。

(1) I don't know when (　　　　).

　　ア　does he come　　イ　will he come　　ウ　he will come

　　　　　　　　　　　　　　　　　　　　　　　　　　　　（光泉カトリック高）

(2) How (　　　　) is this T-shirt?

　　ア　often　　イ　far　　ウ　much　　エ　many　　　　（興國高）

(3) Takeshi is very kind to everyone, (　　　　) he?

　　ア　is　　イ　does　　ウ　isn't　　エ　doesn't　　（神戸学院大附高）

(4) How (　　　　) is it from here to your school?

　　ア　far　　イ　long　　ウ　many　　エ　often　　　　（近大附高）

(5) Please tell me (　　　　) he arrives here.

　　ア　that　　イ　what　　ウ　which　　エ　when　　（四天王寺東高）

(6) He cleaned his room, (　　　　)?

　　ア　does he　　イ　did he　　ウ　doesn't he　　エ　didn't he

　　　　　　　　　　　　　　　　　　　　　　　　（香里ヌヴェール学院高）

(7) It is raining. (　　　　) don't you stay home?

　　ア　Which　　イ　What　　ウ　Why　　エ　How

　　　　　　　　　　　　　　　　　　　　　　　　（大阪教大附高平野）

(8) Your brother likes taking pictures very much, (　　　　)?

　　ア　do your brother　　イ　does he　　ウ　doesn't he

　　エ　likes he　　　　　　　　　　　　　　　　（ノートルダム女学院高）

(9) A：（　　　　) is this bridge?

　　B：　It was built three years ago.

　　ア　How long　　イ　How old　　ウ　How much　　エ　How often

　　　　　　　　　　　　　　　　　　　　　　　　　　　（雲雀丘学園高）

(10) Tom doesn't have any uncles, (　　　　)?

　　ア　doesn't he　　イ　does he　　ウ　has he　　エ　hasn't he

　　　　　　　　　　　　　　　　　　　　　　　　　　　（京都文教高）

⑾　(　　　) high is Abeno Harukas?

　　ア　Which　　イ　How　　ウ　What　　エ　Why　　（大商学園高）

⑿　I want to make a phone call to my dad in California. Do you know
　　(　　　) there?

　　ア　what is it time　　イ　what time is it　　ウ　what time is

　　エ　what time it is　　　　　　　　　　　　　　　　　（立命館宇治高）

⒀　I asked a woman (　　　) was the best of all those pictures.

　　ア　who　　イ　that　　ウ　which　　エ　why　　（智辯学園和歌山高）

⒁　(　　　) do you play the piano in a week? — Only two days.

　　ア　How often　　イ　How many　　ウ　How much　　エ　How

　　　　　　　　　　　　　　　　　　　　　　　　　　　　（大阪学院大高）

⒂　Let's play soccer after school, (　　　)?

　　ア　don't we　　イ　shall we　　ウ　do you　　エ　will you

　　　　　　　　　　　　　　　　　　　　　　　　　　　　（初芝立命館高）

⒃　They don't know (　　　) because they don't have much information
　　now.

　　ア　what they should do next　　イ　what do next they should

　　ウ　what should they do next　　エ　they should do what next

　　　　　　　　　　　　　　　　　　　　　　　　　　　　（東福岡高）

2　次の各組の文がほぼ同じ内容を表すように（　　　）内に適当な語を書き入れ
なさい。

⑴　Let's go to the movies.

　　Shall (　　　) go to the movies?　　　　　　　　（神戸常盤女高）

⑵　How about going skating with me?

　　(　　　) don't (　　　) go skating?　　　　　（大阪体育大学浪商高）

⑶　I don't know her name.

　　I don't know who (　　　) (　　　).　　　　　（中村学園女高）

⑷　I don't know her address.

　　I don't know (　　　) she (　　　).　　　　　　（近大附高）

⑸　I don't know my birthplace.

　　I don't know (　　　) I was (　　　).　　　　　（立命館高）

16　いろいろな疑問文②　近道問題

１　次の各文を〔　　〕内の指示に従って書きかえなさい。

(1)　Akira lived in Nagoya five years ago.〔下線部を問う疑問文に〕（市川高）
　　（　　　　　　　　　　　　　　　　　　　　　　　　　　　　　）

(2)　It takes about 20 minutes to get to the station.
　　　　　　　　　　　　　〔下線部を問う疑問文に〕（大阪商大堺高）
　　（　　　　　　　　　　　　　　　　　　　　　　　　　　　　　）

(3)　He likes cats.〔付加疑問文に〕
　　（　　　　　　　　　　　　　　　　　　　　　　　　　　　　　）

(4)　Tomoko wants a new computer.〔下線部を問う疑問文に〕
　　（　　　　　　　　　　　　　　　　　　　　　　　　　　　　　）

(5)　They sometimes play tennis.〔下線部を問う疑問文に〕（香ヶ丘リベルテ高）
　　（　　　　　　　　　　　　　　　　　　　　　　　　　　　　　）

(6)　Tom has three children.〔下線部を尋ねる文に〕　　（華頂女高〔改題〕）
　　（　　　　　　　　　　　　　　　　　　　　　　　　　　　　　）

(7)　I eat lunch at noon.〔下線部が答えになる疑問文に〕
　　　　　　　　　　　　　　　　　（関西福祉科学大学高〔改題〕）
　　（　　　　　　　　　　　　　　　　　　　　　　　　　　　　　）

(8)　What color does John like? I don't know.〔同意の１文に〕
　　（　　　　　　　　　　　　　　　　　　　　　　　　　　　　　）

(9)　Mr. Smith has lived in Osaka for ten years.〔下線部を尋ねる疑問文に〕
　　　　　　　　　　　　　　　　　　　（大阪体育大学浪商高）
　　（　　　　　　　　　　　　　　　　　　　　　　　　　　　　　）

(10)　It's about one kilometer from here to my house.〔下線部を尋ねる文に〕
　　　　　　　　　　　　　　　　　　　（神戸星城高〔改題〕）
　　（　　　　　　　　　　　　　　　　　　　　　　　　　　　　　）

(11)　We are going to the beach on foot.
　　　　　　　　〔下線部が答えの中心となる疑問文に〕（追手門学院高）
　　（　　　　　　　　　　　　　　　　　　　　　　　　　　　　　）

2 次の(1)〜(5)に対する応答として最も適切なものを，**ア〜カ**からそれぞれ1つ
ずつ選んで記号を書きなさい。 (秋田県)

(1) Where is today's newspaper? ( )

(2) My brother will come back to Akita next month. ( )

(3) Have you eaten your lunch? ( )

(4) Who made this cake? ( )

(5) Would you like to go shopping together this Sunday? ( )

> **ア** I'm sorry, I can't. **イ** My sister did. Do you like it?
>
> **ウ** It's in my room. I'll bring it to you.
>
> **エ** Oh, really? I want to see him.
>
> **オ** Yes, it is. I bought it last night.
>
> **カ** Yes. I've just finished it.

3 次の会話が成り立つように，空所に入る最も適切なものを**ア〜エ**から選び，
それぞれ記号で答えなさい。 (京都産業大附高)

(1) A : What would you like to order?

　　B : I want to have the ham and eggs.

　　A : How would you like your eggs?

　　B : ( )

> **ア** I like them very much. **イ** They are delicious.
>
> **ウ** Sunny-side up, please. **エ** Yes, please.

(2) A : How about having dinner out tonight?

　　B : ( )

> **ア** I'm going to have dinner tonight. **イ** I've already had lunch.
>
> **ウ** We like fish very much. **エ** I would like to stay at home tonight.

(3) A : What did you eat for breakfast today?

　　B : ( )

　　A : Why not?

　　B : I got up late.

> **ア** I had nothing to do. **イ** I had breakfast, too.
>
> **ウ** I wanted to eat something. **エ** I ate nothing this morning.

17 仮定法

1 次の各文の ( ) にあてはまるものを選びなさい。

(1) ( ) I were you, I could run fast.

　ア　Because　　イ　Though　　ウ　If

(2) I ( ) I had more free time.

　ア　wish　　イ　hope　　ウ　think

(3) If I ( ) a doctor, I could help many people.

　ア　am　　イ　is　　ウ　are　　エ　were

(4) If I ( ) a lot of money, I would buy a new car.

　ア　have　　イ　had　　ウ　have had　　エ　having

(5) If today were a holiday, I ( ) stay at home.

　ア　can　　イ　would　　ウ　had　　エ　will

(6) I wish I ( ) play baseball well.

　ア　can　　イ　could　　ウ　will　　エ　can't

(7) I would play tennis with my friends ( ) it were sunny today.

　ア　when　　イ　because　　ウ　if　　エ　but

(8) I ( ) I could date her.

　ア　am thinking　　イ　am wishing　　ウ　have believed

　エ　wish

(9) If I were you, I ( ) the doctor.

　ア　would see　　イ　can see　　ウ　will see　　エ　have seen

(10) If I ( ) speak French, I would talk to him.

　ア　can　　イ　could　　ウ　will　　エ　would

2 次の(1)〜(3)において，3つの英文の中から文法的に誤りのないものをそれぞれ1つずつ選び，記号で答えなさい。(1)( ) (2)( ) (3)( )

(1) ア　If I am a bird, I can fly to you.

　イ　If I were a bird, I can fly to you.

　ウ　If I were a bird, I could fly to you.

(2) ア　I would be happy if you were here.

　　イ　I would be happy if you are here.

　　ウ　I was happy if you are here.

(3) ア　I wish I could go to America with her.

　　イ　I wish I went to America with her.

　　ウ　I wish I have been to America with her.

3　次の各組の文がほぼ同じ内容を表すように（　　）内に適当な語を書き入れなさい。

(1) I don't know her address, so I can't visit her.

　　（　　　）I knew her address, I（　　　）visit her.

(2) Because she doesn't have much money, she can't buy a new dress.

　　She could（　　　）a new dress if she（　　　）much money.

(3) As he is honest, we believe his story.

　　If he（　　　）（　　　）, we（　　　）believe his story.

(4) If I had enough time, I could travel around the world.

　　I（　　　）travel around the world because I（　　　）have enough time.

4　次の(1)〜(5)の書き出しに続くものをア〜オから選び，英文を完成させなさい。ただし，同じ記号を使ってはいけません。

(1) I wish（　　　）

(2) I will stay at home（　　　）

(3) We didn't enjoy the baseball game（　　　）

(4) I could see her（　　　）

(5) She was so busy（　　　）

　　ア　if it rains tomorrow.　　イ　if I had more time.

　　ウ　because it rained a lot.　　エ　I could play the piano.

　　オ　that she couldn't see the baseball game.

18 いろいろな文型 近道問題

1 次の各文の（　）にあてはまるものを選びなさい。

(1) There （　） beautiful birds in the park.

　　ア　is　　イ　was　　ウ　were　　エ　isn't　　（大阪信愛学院高）

(2) This movie always （　） me sad.

　　ア　becomes　　イ　takes　　ウ　makes　　エ　puts　（四天王寺東高）

(3) Tom will （　）.

　　ア　teach us English　　イ　teach English us　　ウ　teaches us English

　　エ　teaches English us

(4) （　） any books on the desk?

　　ア　Is there　　イ　Are there　　ウ　There　　エ　Do there

　　　　　　　　　　　　　　　　　　　　　　　　（清明学院高）

(5) （　） him so happy?

　　ア　Why makes　　イ　Which makes　　ウ　What made

　　エ　When made　　　　　　　　　　　　　　　　（大阪国際高）

(6) If you have an English-Japanese dictionary, please lend （　）.

　　ア　it for me　　イ　it me　　ウ　it to me　　エ　me for it

　　　　　　　　　　　　　　　　　　　　　　　　（大阪青凌高）

(7) The boy looked （　） when a dog jumped up at him.

　　ア　surprised　　イ　surprise　　ウ　surprising　　エ　to surprise

　　　　　　　　　　　　　　　　　　　　　　　　（大阪国際高）

(8) I found the movie very （　）.

　　ア　interest　　イ　interesting　　ウ　interested　　エ　interestingly

　　　　　　　　　　　　　　　　　　　　　　　　（京都光華高）

(9) People （　） this cat Tama.

　　ア　call　　イ　give　　ウ　like　　エ　hear　　（洛陽総合高）

(10) His father （　） younger than he really is.

　　ア　looks　　イ　watches　　ウ　sees　　エ　looks at　（神戸星城高）

(11) Please （　） your room clean.

　　ア　stay　　イ　show　　ウ　keep　　エ　be　　（平安女学院高）

⑿ I'll let you (　　　) the results later.

　ア　know　　イ　knew　　ウ　known　　エ　to know　　（東山高）

⒀ The book gave (　　　) prepare for the trip abroad.

　ア　enough information to learn to me what

　イ　me enough to learn information to what

　ウ　enough to me what information to learn

　エ　me enough information to learn what to　　　（大阪府）

⒁ I will help my brother (　　　) his homework.

　ア　do　　イ　does　　ウ　did　　エ　doing

⒂ I had my teacher (　　　) my report.

　ア　to check　　イ　checking　　ウ　to checking　　エ　check

2 次の各組の文がほぼ同じ内容を表すように（　　　）内に適当な語を書き入れなさい。

⑴ My father bought a comic book for me.

　My father bought (　　　) a comic book.　　　（神戸村野工高）

⑵ He is our English teacher.

　He (　　　) English (　　　) us.　　　（育英高）

⑶ Kyoto has more than 1,000 temples.

　(　　　) (　　　) more than 1,000 temples in Kyoto.　　（華頂女高）

⑷ My nickname is Donny.

　My friends (　　　) me Donny.　　　（自由ケ丘高）

⑸ She bought us cookies.

　She bought cookies (　　　) (　　　).　　　（上宮太子高）

⑹ She was glad to know that she was able to pass the exam.

　The news that she (　　　) the exam (　　　) (　　　) happy.

　　　　　　　　　　　　　　　　　　　　　　　　（大阪女学院高）

⑺ My father was washing his car. I helped him.

　I (　　　) my father (　　　) his car.

19 〈発展〉 誤文訂正　近道問題

1 次の英文の下線部ア～エのうち，文法や語法に誤りがあるものを1つ選び，記号で答えなさい。

(1)(　　　) (2)(　　　) (3)(　　　) (4)(　　　) (5)(　　　)（洛陽総合高）

(1)　Mt. Fuji is ア the highest mountain イ in Japan and I have ウ visited to there エ twice.

(2)　ア The garden is covered イ by ウ many kinds of flowers エ such as roses and tulips.

(3)　The professional soccer player I like ア the best was イ injured in the last game and I ウ was shocked エ at hear the news.

(4)　Do you know the boy ア running イ over there? He is my brother and ウ a very well tennis player エ at junior high school.

(5)　I ア want to be a musician in the future, イ but my mother hopes ウ that I will be a doctor and she tells me エ study hard every day.

2 次の各英文について，文法的または語法的な誤りを含む下線部ア～エの中からそれぞれ1つ選び，記号で答えなさい。　（大阪緑涼高）

(1)(　　　) (2)(　　　) (3)(　　　) (4)(　　　) (5)(　　　)

(6)(　　　) (7)(　　　)

(1)　The teacher <u>said</u>ア that <u>the</u>イ sun <u>was</u>ウ <u>larger</u>エ than the earth.

(2)　I <u>am</u>ア so thirsty. I <u>want</u>イ something cold <u>for</u>ウ <u>drink</u>エ now.

(3)　The new <u>computer</u>ア <u>will</u>イ be <u>using</u>ウ <u>by</u>エ my students.

(4)　Masako <u>has</u>ア a lot of <u>books</u>イ <u>whose</u>ウ her father <u>gave</u>エ her.

(5)　I <u>enjoyed</u>ア <u>to play</u>イ tennis <u>with</u>ウ my friends <u>this</u>エ Sunday.

(6)　My uncle <u>stays</u>ア <u>at</u>イ a hotel <u>near</u>ウ my house since the day <u>before</u>エ yesterday.

(7)　<u>Which</u>ア do you like <u>best</u>, <u>reading</u>イ books or <u>watching</u>ウ movies?エ

3　次の(1)～(7)の英文の下線部には誤りがあります。例にならって，正しく書き
かえなさい。　　　　　　　　　　　　　　　　　　　　　（九州国際大付高）

例）Tom *play* soccer in the park every day.　　解答：plays

(1)　We *know* each other since we were young. (　　　)

(2)　My dog, Pochi, died yesterday, so I was *sadness*. (　　　)

(3)　Do you know *how* tomorrow's weather will be like? (　　　)

(4)　Hey Tom! I found this pen by my desk. Is this *you*? (　　　)

(5)　This desk is made *from* wood. (　　　)

(6)　I'm going to go fishing with my friends *in* September 30. (　　　)

(7)　A gift *gave* to my son for his birthday yesterday looked so expensive.

(　　　)

4　次の(1)～(5)の英文の誤っている部分をア～エの中から選び，その記号で答え
なさい。また，それぞれの誤りを正しい英語に直しなさい。　　（神戸星城高）

(1)(　　) (　　　) 　(2)(　　) (　　　) 　(3)(　　) (　　　)

(4)(　　) (　　　) 　(5)(　　) (　　　)

(1)　ア The language イ speaking ウ in that country エ is English.

(2)　He is ア taller than イ any other ウ boys エ in his class.

(3)　ア It イ stopped ウ to rain エ at that time.

(4)　Last week, she ア told her son that she イ will ウ buy that bike エ for
him.

(5)　ア When John was イ a high school student, he ウ played baseball very
エ good.

5　次の(1)～(5)の英文の下線部には誤りの箇所がそれぞれ1つずつあります。そ
の箇所をア～エの記号で選び，訂正して答えなさい。　　　　（金光八尾高）

(1)(　　) (　　　) 　(2)(　　) (　　　) 　(3)(　　) (　　　)

(4)(　　) (　　　) 　(5)(　　) (　　　)

(1)　"Hello. ア This is Meg. イ May I ウ speak to Bob?'
　　　"Sorry. He エ takes a bath."

(2)　I ア live in Osaka, but イ I've ウ never エ gone to USJ.

(3)　Is your son ア enough old イ to stay home ウ all day エ by himself?

(4) ア <u>Does</u> your class have イ <u>any</u> students ウ <u>which</u> are エ <u>interested in</u> classical music?

(5) If you want ア <u>to join</u> us, please イ <u>send</u> us ウ <u>an email</u> エ <u>until</u> next Wednesday.

6 次のア～シの英文の中から，文法的に誤りのないものを 5 つ選んで，番号で答えなさい。(　　)(　　)(　　)(　　)(　　)　　　　(上宮高)

ア I went shopping at a supermarket today.

イ If you practice hard, you will can play soccer better.

ウ I want to make friends with a lot of students.

エ Kenta is good at play the guitar.

オ What about to eat lunch at the new restaurant?

カ Please kind to everyone around you.

キ Did you enjoy visiting to a lot of places in Kyoto?

ク When you arrive at the station, please call me.

ケ I want something cold to drink now.

コ These questions are too difficult to answer them.

サ Kazumi and David often talk each other.

シ I'm looking forward to the next baseball game.

7 次の(1)・(2)の英文には誤りがある。正しく訂正されている英文をあとのア～エから選び，記号で答えなさい。　　　　(浪速高)

(1) Mary gets up earliest in the four. (　　)

ア Mary gets up more early in the four.

イ Mary gets up most earliest of the four.

ウ Mary gets up most earliest in the four.

エ Mary gets up earliest of the four.

(2) How Keiko has been sick? — For ten days. (　　)

ア How often has Keiko been sick? — For ten days.

イ How many times has Keiko been sick? — For ten days.

ウ How long has Keiko been sick? — For ten days.

エ How has Keiko been sick? — Since ten days.

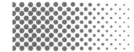 

解答・解説
近道問題

---

1. 現在・過去・未来・進行形

1 (1) イ (2) エ (3) ウ (4) エ (5) ア (6) ウ (7) イ (8) エ (9) ア (10) イ

2 (1) Does (2) going (3) broke (4) were (5) moves (6) felt (7) were (8) was
(9) comes

3 (1) Did she try to cook pizza? (2) He will be eighteen next month.
(3) The student is studying English. (4) Does Mari always drink coffee after lunch?
(5) Tom didn't go to the movie theater yesterday.
(6) I was swimming in the river at about five yesterday.
(7) I am going to buy a new bag tomorrow.

◇ **解説** ◇

1 (1)「私の姉は彼の父親を知っています」。主語が三人称単数なので，現在形の一般動詞には s が必要。(2)「父は今テレビを見ているところです」。現在進行形〈is/am/are ＋ 〜ing〉にする。(3)「彼女は今日，たくさんの本を持っています」。主語が三人称単数なので has を用いる。(4)「私は明日おじを訪問します」。未来は will か be going to で表す。(5)「彼女はそこの多くの木や花の名前を知っていた」。直前に yesterday（昨日）とあるので，過去形を選ぶ。(6)「10 年前，この町の周辺にはたくさんの猫がいました」。過去の文。「〜（複数）がいた」＝ There were 〜。(7)「私は大学でヒップホップ文化を勉強する予定です」。「〜する予定だ」＝ be going to 〜。(8)「あなたは放課後に何をしたのですか？」「学校を出て，帰宅しました」。過去の文。(9)「明日空港に着いたら，私に電話をしてください」。時を表す接続詞の when 節では，未来のことも現在形で表す。(10)「ユキが私を呼んだとき，私は電話で話していました」。過去のある時点で進行していた動作は，過去進行形〈was/were ＋ 〜ing〉で表す。

2 (1) your father は三人称単数なので，現在形の疑問文は Does で始まる。(2) be going to 〜 ＝「〜するつもりだ」。(3) yesterday があるので過去形にする。break - broke - broken と活用する。(4) then ＝「そのとき」。過去の文で主語が複数なので，be 動詞は were になる。(5)「地球は太陽のまわりを回っている」のような変わらない事実は常に現在形で表す。主語が三人称単数なので s をつける。(6) when 節の時制が過去なので過去形にする。feel - felt - felt と活用する。(7) 過去を表す at that time（そのとき）があり，後に複数形の名詞が続くので，be 動詞は were になる。(8) be able to 〜 ＝「〜することができる」。when 節の時制が過去なので，過去形にする。(9) 時を表す when 節では未来のことも現在形で表す。

3 (1) 過去形の一般動詞の疑問文は〈Did ＋ 主語 ＋ 動詞の原形 〜?〉の形。(2) will を使って未来形にする。助動詞の後の動詞は原形なので，be 動詞の原形 be を使う。(3) 現在進行

形は〈is/am/are ＋ 〜ing〉で表す。(4) 主語が三人称単数で現在形の一般動詞の疑問文は，〈Does ＋ 主語 ＋ 動詞の原形 〜?〉の形。(5) 過去形の一般動詞の文を否定文にするときは，主語と動詞の間に didn't を入れ，動詞を原形にする。(6) 過去進行形〈was/were ＋ 〜ing〉の文にする。(7) 未来は be going to でも表せる。

2. 現在完了形・現在完了進行形

1 (1) ア (2) ア (3) ウ (4) イ (5) エ (6) イ (7) エ (8) ア

2 (1) taught (2) have been (3) bought (4) reading

3 (1) for (2) have (3) has, been, since (4) done（または，finished），yet
(5) have, never, been (6) has, gone (7) has, studied, since, was, seven
(8) haven't, seen (9) has, been

4 (1) I haven't heard from my uncle for a long time.
(2) How long have they lived in that house?

◇ 解説 ◇

1 (1)「あなたは今までに北海道へ行ったことがありますか？」。経験は現在完了〈have ＋ 過去分詞〉で表す。(2)「私の兄（弟）は 6 年間サッカーをしている」。「〜の間」＝ for 〜。(3)「あなたは今までにその映画を見たことがありますか？」。経験を表す現在完了の文。(4)「彼女は先週から病気で寝込んでいます」。「〜から」＝ since 〜。(5) 昼食に誘われたが，「私はすでに昼食を食べました」と断っている。(6)「私の兄は 3 回東京に行ったことがあります」。「〜へ行ったことがある」＝ have/has been to 〜。(7)「私は 2 時間ずっとテニスをしています」。直前に have been とあるので現在完了進行形〈have/has been ＋ 〜ing〉の文。(8)「先週の日曜日からずっと雨が降っています」。現在完了進行形の文。

2 (1)「彼の母親は 5 年間英語を教えています」。継続を表す現在完了の文。(2)「私は以前ロサンゼルスへ行ったことがある」。「〜へ行ったことがある」＝ have been to 〜。経験を表す現在完了の文。(3)「私はすでにあの店で食べ物を買いました」。完了を表す現在完了の文。(4)「彼女は 7 時からずっとその本を読んでいます」。直前に has been とあるので現在完了進行形の文。

3 (1)「彼女は 2 年間ずっと大阪に住んでいる」という現在完了の文にする。「〜の間」＝ for 〜。(2)「私は腕時計を失くしてしまいました」という現在完了の文にする。(3)「彼は昨日からずっと忙しい」という現在完了の文にする。(4)「私はまだ宿題をしていない」という現在完了の文にする。(5)「私は一度も名古屋に行ったことがありません」という現在完了の文にする。「一度も〜に行ったことがない」＝ have/has never been to 〜。(6)「彼女はカナダに行ってしまいました」という現在完了の文にする。「〜へ行ってしまった（今はここにいない）」＝ have/has gone to 〜。(7)「ケンは 7 歳のときから英語を勉強している」

という現在完了の文にする。「〜から」＝ since 〜。(8)「私たちは彼に 30 年間会っていない」という現在完了の文にする。(9)「昨日からずっと雨が降っている」という現在完了進行形〈have/has been ＋〜ing〉の文にする。

4 (1)「私は長い間，おじから便りを受け取っていません」という意味の文になる。継続は現在完了で表す。(2)「彼らはどれくらいその家に住んでいますか？」という疑問文にする。期間を尋ねる表現は how long。

3．助 動 詞

1 (1) ウ　(2) エ　(3) エ　(4) ウ　(5) エ　(6) イ　(7) イ　(8) ウ　(9) イ

2 (1) to　(2) are，going　(3) Shall，we　(4) must，run　(5) going，to　(6) like，to
(7) able，to　(8) don't，have（または，need）　(9) must，be　⑽ Shall，I

3 (1) Shall we go to USJ next Sunday?
(2) Yukiko could（または，was able to）play the violin.
(3) His uncle had to take care of the cat.

◇ **解説** ◇

1 (1)「あなたのお姉さんは来年の 3 月に留学する予定ですか？」。「〜する予定である」＝ be going to 〜。(2)「コップ 1 杯の水を持ってきましょうか？」―「はい，お願いします」。「〜しましょうか？」＝ Shall I 〜?。(3)「パーティーに行きましょうか？」―「はい，そうしましょう」。「（一緒に）〜しましょうか？」＝ Shall we 〜?。(4)「ここに座ってもよろしいですか？」。「〜してもよろしいですか？」＝ May I 〜?。(5)「もし明日晴れたら，私は海へ泳ぎに行きたいです」。「〜したい」＝ would like to 〜。(6)「あなたは今日，クラブのミーティングに来る必要はありません。私はあなたが忙しいことを知っています」。「〜する必要はない」＝ don't have to 〜。(7)「私たちは先週その会議に出席しなければならなかった」。「〜しなければならなかった」＝ had to 〜。(8)「今日の午後は雨が降りそうです。あなたは傘を持っていったほうがいいです」。「〜したほうがいい，〜するべきだ」＝ should。(9)「あなたは昨日から何も食べていないので，お腹がすいているに違いない」。「〜に違いない」＝ must be 〜。

2 (1)「あなたは英語を勉強しなければなりません」。「〜しなければならない」＝ have/has to 〜。(2)「私たちは来年北海道を訪れるつもりである」。「〜するつもりだ」＝ be going to 〜。(3)「今日買い物に行きましょうか？」。Let's 〜と Shall we 〜?は，ともに相手を誘う表現。(4)「部屋の中で走ってはいけません」。「〜してはいけない」＝ must not 〜。(5)「私は来年の夏に留学する予定です」。「〜する予定だ」＝ be going to 〜。(6)「私と一緒に買い物に行きませんか？」。Would you like to 〜?は，誘いや提案によく使われる表現。(7)「父は昨夜よく眠れませんでした」。「〜することができる」は，be able to 〜でも表せ

る。(8)「あなたは今日会社へ行く必要はない」。「～する必要はない」= don't have to ～。
(9)「その背の高い男性はきっとミュージシャンだ」→「その背の高い男性はミュージシャンに違いない」。「～に違いない」= must be ～。⑽「あなたは私に宿題を手伝ってほしいですか？」→「私があなたの宿題を手伝いましょうか？」。「私が～しましょうか？」= Shall I ～?。

3 (1)「～しましょうか？」と相手を誘う Shall we ～?の文にする。(2) can の過去形は could。(3) must ～ =「～しなければならない」。過去の文では had to ～（～しなければならなかった）を用いる。

4．受動態

1 (1) エ　(2) イ　(3) エ　(4) イ　(5) イ　(6) ウ　(7) イ　(8) イ　(9) ウ

2 (1) was　(2) is, spoken　(3) is, called　(4) made, from　(5) was, born
(6) was, written, to　(7) was, surprised, at　(8) spoke, to, me　(9) Did, help

3 (1) Was this letter written by Nancy?
(2) This picture was taken by Chikako in Kyoto.
(3) Mr. Matsui is known to all of the players.

◇ 解説 ◇

1 (1)「英語はオーストラリアで話されています」。受動態〈be 動詞 + 過去分詞〉の文。(2)「あの家は 10 年前に建てられた」。過去の受動態なので be 動詞が過去形になる。(3)「公園は子どもたちでいっぱいでした」。「～でいっぱいだ」= be filled with ～。(4)「この机は木でできている」。「（材料の）～でできている」= be made of ～。(5)「草枕」は夏目漱石によって「書かれた」ものなので，受動態で表す。「100 年以上前に」とあることから，時制は過去である。(6)「チーズはミルクから作られています」。「～（原料）から作られている」= be made from ～。(7)「家々の屋根は雪で覆われている」。「～で覆われている」= be covered with ～。(8)「何人の人がジムの誕生会に招待されましたか」。主語が複数形の名詞なので，be 動詞は were になる。(9)「新しい市役所は来年建てられる予定だそうだ」。未来を表す be going to ～の後に受動態を続ける。

2 (1) 受動態にする。過去の文なので be 動詞は was にする。(2)「カナダでは何語が話されていますか？」という受動態の文にする。〈what + 名詞〉が主語。(3)「この花は英語で何とよばれますか？」という受動態の文にする。(4)「私たちはぶどうをワインにします」→「ワインはぶどうから作られます」。「～（原料）から作られる」= be made from ～。(5)「私の誕生日は 12 月 3 日です」→「私は 12 月 3 日に生まれました」。「生まれる」= be born。(6)「タニモト先生は彼の生徒たちにこの手紙を書きました」→「この手紙はタニモト先生によって彼の生徒たちに書かれました」。「～に（対して）書かれる」= be written to ～。(7)

「彼はその音に驚いた」という文にする。「〜に驚く」= be surprised at 〜。(8)「私は公園で外国人に話しかけられました」→「外国人が公園で私に話しかけました」。受動態の文を能動態にする。「〜に話しかける」= speak to 〜。(9) 受動態の文を能動態にする。「その犬はあなたを助けましたか？」。

3 (1) 過去の受動態の疑問文は，〈be 動詞の過去形＋主語＋過去分詞 〜?〉の語順になる。(2) 受動態の文にする。take は take‐took‐taken と活用する。(3)「マツイさんはすべての選手に知られています」。「〜に知られている」= be known to 〜。

5. 形容詞・副詞・比較①

1 (1) ウ (2) ウ (3) ウ (4) ウ (5) ア (6) ウ (7) ア (8) イ (9) ア (10) ア (11) イ (12) イ (13) ア (14) ア (15) ウ (16) エ (17) ウ (18) ウ

2 (1) longest (2) bigger (3) best (4) better (5) hotter (6) more difficult (7) best (8) most popular (9) more, exciting

◇ **解説** ◇

1 (1)「あなたはオレンジジュースを買いましたか？」。orange juice などの数えられない名詞に，a few や an をつけることはできない。

(2)「冬は 4 つの季節の中で『最も寒い』」。cold の最上級が入る。

(3)「私の母はとても上手に料理をすることができます」。「上手に」= well。

(4)「冬には雪が多いです」。snow は数えられない名詞。a lot of は数えられる名詞にも，数えられない名詞にも使うことができる。

(5)「私には本を読む時間がなかった」。名詞の time を修飾するのは，形容詞の no。

(6)「ビルはすべての生徒の中で最も速い走者です」。最上級の文で，複数名詞を用いて「〜の中で」というときは，of を用いる。

(7)「英語は私の大好きな教科です」。「大好きな，お気に入りの」= favorite。

(8)「私は今日するべき宿題がたくさんある」。homework は数えられない名詞なので複数形にはならない。また，many は数えられる名詞しか修飾しない。

(9)「コーヒーをもう 1 杯いかがですか？」。「もう 1 杯の〜」= another cup of 〜。

(10)「彼はあなたと同じくらい上手に英語を話します」。「〜と同じくらい上手に」= as well as 〜。as と as の間には形容詞や副詞の原級がくる。

(11)「それは 5 台の中で最もよい自転車だ」。good の最上級は best。

(12)「ケンは今日，放課後にテニスを練習した。彼はとても『疲れた』ので，早く寝た」。

(13)「ケンは私と同じくらいの背の高さです」。〈as ＋〜（形容詞の原級）＋ as …〉=「…と同じくらい〜」。

(14)「サミーはとても『内気』なので，クラスメイトの前で話すことができない」。

⒂「コーヒーにはあまり砂糖はいりません。ほんの少しだけお願いします」。〈not + much〉＝「あまり～ない」。sugar は数えられない名詞なので，many や few は不可。

⒃〈one of the ＋形容詞の最上級＋名詞の複数形〉＝「最も～な…（名詞）の１つ」。

⒄「あなたはできるだけ早く病院に行くべきです」。「できるだけ早く」＝ as soon as possible。

⒅「トムは私が持っている２倍の本を持っています」。〈twice as many ＋～（複数名詞）＋ as …〉＝「…の２倍の数の～」。

2 ⑴「日本で最も長い川はどれですか？」。最上級にする。⑵「このボールとあのボールではどちらのボールがより大きいですか？」。〈Which is ＋～（比較級），A or B?〉＝「A と B ではどちらがより～ですか？」。⑶「あなたはどのスポーツが一番好きですか？」。最上級にする。⑷「アニーは私よりも上手にバスケットボールをする」。比較級にする。⑸「このスープはあれより熱いです」。比較級にする。t を重ねることに注意。⑹「中国語と韓国語では，どちらが難しいですか？」。比較級にする。⑺「だれがこのクラスで最も上手にピアノを弾くことができますか？」。最上級にする。⑻「彼女は５人の歌手の中で一番人気があります」。最上級にする。⑼「バレーボールとバスケットボールでは，どちらの方があなたにとって楽しいですか？」。比較級にする。

６．形容詞・副詞・比較②

● ⑴ no ⑵ higher ⑶ too ⑷ old ⑸ together ⑹ earlier ⑺ younger
⑻ plays, well ⑼ in, foreign ⑽ well, as ⑾ the, oldest, of ⑿ not, as, as
⒀ most, of ⒁ be, late ⒂ any, men ⒃ the, fastest ⒄ Nothing, is
⒅ cleverer, girl ⒆ much, rain ⒇ It, rainy（または，There, rain） ㉑ No, larger
㉒ as, well, as ㉓ My, favorite, sport ㉔ every
㉕ isn't, necessary（または，is, unnecessary） ㉖ in, same ㉗ impossible

◇ 解説 ◇

● ⑴「その公園にはだれもいませんでした」。「１人もない，１つもない」＝ no。

⑵「六甲山は富士山よりも低いです」→「富士山は六甲山よりも『高い』です」。

⑶「その本は難しすぎて読むことができない」。「～すぎて…できない」＝ too ～ to …。

⑷「あの建物は50年間私の家の近くにある」→「私の家の近くにあるあの建物は50年の『古さ』だ」。

⑸「ヒデキはミユキと一緒に図書館へ行った」→「ヒデキとミユキは『一緒に』図書館へ行った」。

⑹「母はいつも私の後に寝る」→「私はいつも母よりも『早く』寝る」。

⑺「私の父は35歳です。私の母は31歳です」→「私の母は父より４歳『若い』です」。

⑻「ユキは上手なテニス選手だ」→「ユキは上手にテニスをする」。一般動詞 play を修飾するのは副詞の well。

⑼「ヒデキは外国で勉強したがっています」。abroad は副詞だが，country は名詞なので前置詞が必要。

⑽「私は兄よりも上手に歌うことができる」→「兄は私ほど上手に歌うことができない」。「〜ほど…ではない」＝ not as … as 〜。

⑾ ベティはアリスより若く，ナンシーはアリスより年上である→「ナンシーは 3 人の中で最も年上だ」。

⑿「彼は私より背が高いです」→「私は彼ほど背が高くありません」。「〜ほど…ではない」＝ not as … as 〜。

⒀「イギリスでは，サッカーは他のどのスポーツよりも人気がある」→「イギリスでは，サッカーはすべてのスポーツの中で最も人気がある」。

⒁ Be on time.＝「時間を正確に守りなさい」。Don't be late ＝「遅れてはいけません」。

⒂「あの図書館には 1 人もいません」。「1 人も〜がいない」＝ There aren't any 〜。数えられる名詞の場合，any の後には複数名詞が続くことに注意。

⒃「私たちの学校でサトルより速く走る生徒はいない」→「サトルは私たちの学校で『一番速い』走者だ」。

⒄「時間は最も貴重なものである」→「時間ほど貴重なものは何もない」。否定の名詞 nothing を用いる。

⒅「トモミは私たちのクラスで最も賢い少女です」→「トモミは私たちのクラスの他のどの少女よりも賢いです」。最上級の文は〈〜（比較級）＋ than any other ＋…（単数名詞）〉の文に書きかえられる。

⒆「先月はたくさん雨が降った」。数えられない名詞を「たくさんの」と修飾するときは much を用いる。

⒇「明日は雨が降るでしょう」。天気を表す主語 it を用い，be の後なので rain を形容詞にする。

㉑「これは私たちのホテルで一番広い部屋だ」→「このホテルの他のどの部屋もこれほど広くない」。動詞が肯定形なので，主語を〈No other ＋〜（単数名詞）〉と否定形にする。

㉒「ナオミの兄は，彼女と同じくらい上手に折り紙を折ることができます」という文にする。「〜と同じくらい上手に」＝ as well as 〜。

㉓「私はすべてのスポーツの中で野球が最も好きです」→「私のお気に入りのスポーツは野球です」。「私のお気に入りの〜」＝ my favorite 〜。

㉔「オリンピックは 4 年に 1 度行われます」→「オリンピックは 4 年ごとに行われます」。「〜ごとに」＝ every 〜。

㉕「あなたは家のすべての部屋を掃除する必要はない」。「A は〜する必要はない」＝ it isn't necessary for A to 〜。

㉖「ユキコと私は中学校でクラスメイトでした」→「ユキコと私は中学校で同じクラスにいました」。「同じクラスに」= in the same class。

㉗「将来何が起きるかわからない」→「将来何が起きるか知ることは不可能だ」。「不可能な」= impossible。

7. 命令文・感嘆文・名詞・代名詞①

1 (1) イ (2) イ (3) ア (4) ア (5) ウ (6) エ (7) イ (8) ウ (9) ア (10) ウ (11) ア (12) エ (13) イ (14) ウ (15) イ (16) イ (17) エ (18) イ (19) ア (20) イ

2 (1) our, car (2) What, a (3) nothing, to (4) Please, be (5) well, my, father, cooks

◇ 解説 ◇

1 (1)「急ぎなさい，さもなければ電車に乗り遅れるよ」。「〜しなさい，さもなければ…」=〈〜(命令文), or …〉。

(2)「ジョー・バイデンはアメリカ合衆国の新しい『リーダー』です」。

(3)「あなたは何とかわいいペンを持っているのだろう！」。形容詞の後に名詞が続く感嘆文には what を使う。

(4)「タケシ，夜9時以降はピアノを弾いてはいけません」。「〜してはいけない」という禁止の命令文は〈Don't +〜(動詞の原形)〉で表す。

(5)「それは何と美しい花だろう！」。形容詞の後に名詞が続く感嘆文は what で始める。

(6)「あなたの家にはいくつの『部屋』がありますか？」。How many の後には複数形の名詞が続く。イは「海」という意味なので合わない。

(7)「一生懸命練習しなさい，そうすればあなたは試合に勝てるでしょう」。「〜しなさい，そうすれば…」=〈〜(命令文), and …〉。

(8)「あなたの学校にある野球場はなんと巨大なのでしょう！」。How を用いた感嘆文の語順は〈How +形容詞/副詞+主語+動詞!〉。

(9)「たくさんの美しい花が咲くので，私の大好きな『季節』は春です」。

(10)「私はキャンプへ行くのが好きだ。それはすごく『楽しい』」。

(11)「1日は24『時間』あります」。

(12)「私はこのワイングラスが好きではありません。別のものを見せてください」。ここでの another は「別のもの」という意味の代名詞。

(13)「私はカップ1杯のお茶がほしい」。「カップ1杯の〜」= a cup of 〜。

(14)「日本では，冬はたいてい『12月』から2月までです」。

(15)「私たちの何人か」= some of us。前置詞の後には目的格の代名詞がくる。

(16)「私は今朝学校へ行く途中でハンナに会った」。「〜へ行く途中で」= on the way to 〜。

⒄「図書館では騒がしくしないでください」。否定命令文。noisy は形容詞なので，be 動詞が必要。

⒅「私は犬を飼っています。それの毛はとても長いです」。it の所有格は its。

⒆「通りを横切るときは気をつけて」。「気をつけなさい」= Be careful.。

⒇「私は仕事で沖縄に行く予定です」。「仕事で」= on business。

2 (1)「あの車を見てください。それは私たちの車です」とする。ours は our car を指す。
(2)「このケーキはとても大きいです」→「これはなんて大きなケーキでしょう！」。big cake（形容詞と名詞）が続いていることから，what を用いた感嘆文〈What a/an ＋形容詞＋名詞＋主語＋動詞!〉にする。(3)「私には食べる物がない」。不定詞を使って表す。「何も〜ない」= nothing。(4)「みんなに親切にしてください」とする。「〜に親切にする」= be kind to 〜。文頭に Please をつける。(5)「私の父は何と上手に料理を作るのだろう！」という意味の文にする。how を用いた感嘆文は〈How ＋形容詞/副詞＋主語＋動詞!〉の語順。

8．命令文・感嘆文・名詞・代名詞②

1 (1) Let's　(2) my　(3) uncle　(4) How　(5) mine　(6) singer　(7) the, way
(8) good, player　(9) Don't, run　⑽ member, of　⑾ child, is　⑿ Don't, be
⒀ by, car　⒁ have, time　⒂ to, me　⒃ Nothing　⒄ sons（または，boys）
⒅ of, them　⒆ Wear, or　⒇ well, plays　(21) young, age　(22) babies
2 (1) girls　(2) me　(3) her　(4) his　(5) hers　(6) stories　(7) us　(8) knives

◇ **解説** ◇

1 (1)「買い物に行きましょう」と誘う文にする。「〜しましょう」= Let's 〜。
(2)「この鉛筆は私のものです」→「これは『私の』鉛筆です」。
(3)「タナカ先生は私の母の兄（弟）です」→「タナカ先生は私の『おじ』です」。
(4)「これは何と高価な車なんだろう！」→「この車は何と高価なんだろう！」。
(5)「ノゾミは私の友達の１人である」。「私の友達のうちの１人」= a friend of mine。
(6)「あなたのクラスの中でだれが最も上手に歌うことができますか？」→「あなたのクラスの中で最も上手に歌う人はだれですか？」。sing を人を表す名詞にする。
(7)「その男性は親切にも私に駅までの行き方を教えてくれました」→「その男性は親切にも私に駅までの道を教えてくれました」。「〜までの道」= the way to 〜。
(8)「彼はとても上手にテニスをします」→「彼はとても上手なテニスの選手です」。副詞の well（上手に）を形容詞の good（上手な）にする。
(9)「教室で走ってはいけません」。You must not 〜 = Don't 〜。
⑽「私は野球部に入っている」→「私は野球部『の部員』である」。
⑾「私の家族のすべての子どもがそのテレビドラマに興味を持っている」→「私の家族の子

どもそれぞれがそのテレビドラマに興味を持っている」。each に続く名詞は単数形。
(12)「パーティーに遅れてはいけません」。You mustn't 〜 = Don't 〜。
(13)「あなたは車を運転して仕事に行きますか？」→「あなたは車で仕事へ行きますか？」。「(交通手段の)〜で」= by 〜。
(14)「私は今日忙しいので，あなたに会うことができない」→「私は今日あなたに会うための時間がない」。
(15)「私はおばから手紙を受け取りました」→「おばは私に手紙を送りました」。「A（人）にB（もの）を送る」= send B to A。
(16)「健康は他の何よりも大切である」→「健康より大切なものは何もない」。「何も〜ない」= nothing。
(17)「マキには3人の子どもがいる。彼らはみな男の子だ」→「マキには3人の『息子』がいる」。
(18)「彼らはみんな高校生です」。「彼らはみんな」= all of them。
(19)「コートを着なければ，風邪をひくだろう」→「コートを着なさい，さもなければあなたは風邪をひくだろう」。「〜しなさい，さもなければ…」=〈〜(命令文), or …〉。
(20)「あなたのお父さんはなんて上手なギター演奏家なのでしょう！」→「あなたのお父さんはなんて上手にギターを演奏するのでしょう！」。How を用いた感嘆文の語順は〈How + 副詞 + 主語 + 動詞!〉。形容詞 good（上手な）を副詞 well（上手に）にする。
(21)「ヘンリーは実際よりも若く見える」→「ヘンリーは彼の年齢の割に若く見える」。
(22)「私がモンスターとして登場すると，すべての赤ん坊が泣き出した」。every の後には単数名詞，all the の後には複数名詞が続く。

2 (1)「数人の女の子たちが公園を歩いている」。some の後なので複数形。(2)「母は私に部屋を掃除するように言った」。動詞の直後の代名詞は目的格。(3)「この部屋は彼女によって掃除されましたか？」。前置詞の直後の代名詞は目的格。(4)「あの消しゴムは『彼のもの』です」。所有代名詞にする。(5)「この本はあなたのものですか，それとも『彼女のもの』ですか？」。所有代名詞にする。(6)「あなたはいくつの物語を知っていますか？」。how many の後は名詞の複数形。(7)「これは私たちの間の秘密だ」。between は前置詞なので代名詞は目的格。(8)「テーブルの上に3本のナイフが見える」。knife の複数形は fe を ve に変えて s をつける。

9．不定詞・動名詞①

● (1) ウ (2) ウ (3) エ (4) ウ (5) ア (6) イ (7) エ (8) ア (9) イ (10) ア (11) ウ (12) ア (13) ウ (14) エ (15) ア (16) イ (17) エ (18) ウ (19) エ (20) ア (21) イ

◇ 解説 ◇

● (1)「人々は野球の試合を見るのを楽しみました」。「～するのを楽しむ」= enjoy ～ing。

(2)「私はそのニュースを聞いて驚きました」。「～して驚く」= be surprised to ～。

(3)「テニスを練習することは，私たちにとっておもしろい」。「～することは A にとって…だ」= it is … for A to ～。

(4)「キャシーは友達に会うためにニューヨークに行きました」。「～するために」は不定詞〈to +動詞の原形〉を用いて表す。

(5)「私の父は新聞を読み終えました」。「～することを終える」= finish ～ing。

(6)「私の趣味は写真を撮ることです」。「～すること」は動名詞を用いて表せる。

(7)「彼女には彼女を助けてくれるだれかが必要だ」。形容詞的用法の不定詞。

(8)「ベンは私にここで待つように頼んだ」。「A に～するように頼む」= ask A to ～。

(9)「何を持っていけばよいか，私に教えてください」。「何を～すればよいか」= what to ～。

(10)「彼女はテニスをすることが得意です」。「～することが得意だ」= be good at ～ing。

(11)「私の兄（弟）は野球選手になりたいと思っています」。hope to ～ =「～することを望む，～したいと思う」。

(12)「私の姉は疲れすぎていてもう働くことができない」。「～すぎて…できない」= too ～ to …。

(13)「何か温かい飲み物をいただけませんか？」。〈something +形容詞〉を不定詞が後ろから修飾する。

(14)「マークはどこで素敵な帽子を買えばいいのかわかりませんでした」。「どこで～すればいいのか」= where to ～。

(15)「ナオミは旧友から手紙をもらってうれしかった」。「～してうれしい」= be happy to ～。

(16)「母は私に，夕食前に部屋を掃除するように言いました」。「A に～するように言う」= tell A to ～。

(17)「彼女が何も言わずに部屋を出ていったので，私たちはみんな驚きました」。「～せずに」= without ～ing。

(18)「私の姉（妹）はあなたに再び会えるのを楽しみにしています」。「～することを楽しみにする」= look forward to ～ing。

(19)「私の弟は小さすぎてそれに乗ることができない」。「～すぎて…できない」= too ～ to …。

(20)「ケンは駅への道を知らなかったので，そこへ行く途中で案内標識を見るために立ち止まりました」。「～するために立ち止まる」= stop to ～。不定詞の副詞的用法。

(21)「お互いに話すのを止めてください。あなたたちはとても騒がしいです」。「～するのを止める」= stop ～ing。

10. 不定詞・動名詞②

1 (1) to send　(2) to do　(3) eating　(4) remembering　(5) to get

2 (1) cooking　(2) watching　(3) to　(4) how, to　(5) when, to　(6) too, to　(7) It, to
(8) about, going　(9) nothing, to　(10) asked, to　(11) after, watching
(12) nothing, wear　(13) Answering, difficult　(14) to, have　(15) before, eating
(16) without, buying　(17) necessary, to　(18) want, me　(19) enough, to

3 (1) It is easy for me to make friends.　(2) Their son is too young to work.
(3) Masashi's hobby is collecting trading cards.

◇ 解説 ◇

1 (1)「私は明日この手紙を送りたい」。「〜したい」= want to 〜。(2)「今日，私はするこ
とがたくさんある」。不定詞の形容詞的用法。(3)「田中さんは彼の家族と昼食を食べて楽し
んだ」。「〜して楽しむ」= enjoy 〜ing。(4)「私は母を思い出さずにその写真を見ることが
できない（その写真を見ると私は必ず母を思い出す）」。「〜せずに」= without 〜ing。(5)
「父は私に早く起きるよう言った」。「A に〜するよう言う」= tell A to 〜。

2 (1)「彼は料理が得意です」。「〜するのが得意だ」= be good at 〜ing。
(2)「私は夜にテレビを見るのが好きだ」。「〜すること」は動名詞でも表せる。
(3)「あなたは今日するべきたくさんの宿題があります」。形容詞的用法の不定詞で表す。
(4)「私に駅への行き方を教えていただけますか？」。「〜の仕方」= how to 〜。
(5)「私はいつ出発すべきかわかりません」。「いつ〜すべきか」= when to 〜。
(6)「私は空腹すぎて動くことができない」。so 〜 that …（とても〜なので…）を，too 〜
to …（〜すぎて…できない）の文に書きかえる。
(7)「その本を読むことはおもしろいです」。「〜することは…だ」= It is … to 〜。
(8)「一緒にドライブに行きませんか？」。「〜しませんか？」= How about 〜ing?。
(9)「今，冷蔵庫には何も食べる物がない」。形容詞的用法の不定詞を使って表す。
(10)「私は母に買い物に連れていってくれるように頼んだ」。「A に〜するように頼む」= ask
A to 〜。
(11)「彼はテレビを見た後に寝ました」。「〜した後」= after 〜ing。
(12)「アサコにはパーティーで着るものが何もなかった」。動詞が肯定形なので，否定の意味
を表す名詞 nothing を用いる。
(13)「その質問に答えることは彼女には難しかった」。動名詞が主語になる文。
(14)「このような良い友達がいて，私はとても幸せだ」。副詞的用法の不定詞を使って表す。
(15)「ケンは夕食を食べる前に宿題をしました」。「〜する前に」= before 〜ing。
(16)「コウジは何も買わずに店を出ました」。「〜せずに」= without 〜ing。
(17)「あなたは今自分の部屋を掃除する必要はない」。「A が〜することは…だ」= it is … for
A to 〜。「必要な」= necessary。
(18)「あなたは私に窓を開けてほしいですか？」。「A に〜してほしい」=〈want + A + to

⒆「ボブは天井に触れるほど背が高い」。「～するほど…だ」＝〈…（形容詞）＋ enough to ～〉。

3 (1)「友達を作ることは私にとって簡単です」。「～することは A にとって…だ」＝ It is … for A to ～。(2)「彼らの息子はとても幼いので働くことができません」。「とても～なので…できない」＝ too ～ to …。(3)「マサシの趣味はトレーディングカードを集めることです」。「～すること」の部分を動名詞を用いて表す。

11. 関係代名詞

1 (1) ウ　(2) ウ　(3) イ　(4) ア　(5) エ　(6) ウ　(7) イ　(8) イ　(9) イ

2 (1) which（または，that），has　(2) who（または，that），is　(3) who，is
(4) which（または，that），took　(5) which（または，that），was，built

3 (1) The book which（または，that）is on the table is interesting.
(2) The bags which（または，that）were made in Italy are very nice.
(3) He has some books that were written by Mr. Murakami.
(4) I met a girl whose hair was long.　(5) Mary is a girl who has blue eyes.

◇ 解説 ◇

1 (1)「私はベッドの上で眠っている猫を見た」。直後に動詞があるので主格の関係代名詞が入る。that は先行詞が人，動物，物のいずれの際にも使うことができる。(2)「私は高価な車を持っている男性を知っています」。直後に動詞があるので主格の関係代名詞が入る。先行詞が人なので who を用いる。(3)「彼女の姉（妹）が作ったドレスはかわいかった」。後に〈主語＋動詞〉が続くので，物を先行詞とする目的格の関係代名詞 which を入れる。(4)「丘の上に立っている建物はレストランです」。直後に動詞があるので主格の関係代名詞が入る。先行詞が物なので which を用いる。(5)「私が昨夜見た映画は本当によかった」。movie は watched の主語にならないことから，目的格の関係代名詞 which を使った文と判断する。(6)「そのコンテストで二度優勝した少年は私の弟です」。主格の関係代名詞の後に動詞がくる。(7)「こちらは父親が英語の先生である少年です」。his を関係代名詞に置きかえたものなので，所有格の whose が入る。(8)「母が私にくれた時計はとてもかわいい」。the watch の直後に目的格の関係代名詞が省略されている。省略された which や that 自体が先行詞の the watch を表すので，it は不要。(9)「私たちは，一緒に走っている女の子と犬を見ていました」。主格の関係代名詞を用いた文。先行詞が〈人＋人以外〉のときは that を用いる。

2 (1)「私は青い目をした犬を飼っています」。主格の関係代名詞を用いて表す。(2)「あそこに立っている少女を知っていますか？」。主格の関係代名詞を使った文にする。(3)「公園

で遊んでいるその子どもは私の息子です」。主格の関係代名詞を用いて表す。(4) 目的格の関係代名詞を用いて「これはニューヨークで私のガールフレンドが撮った写真です」という意味の文にする。(5)「祖母は 50 年前に建てられた家に住んでいました」。主格の関係代名詞の後に受動態〈be 動詞＋過去分詞〉が続く。

3 (1) 主格の関係代名詞を用いて「テーブルの上にある本はおもしろいです」という意味の文にする。先行詞は The book。(2) 主格の関係代名詞を用いて「イタリアで作られたバッグはとても素敵だ」という意味の文にする。先行詞は The bags。(3) The books を主格の関係代名詞 that に置きかえて「彼はムラカミ氏によって書かれた本を持っています」という意味の文にする。先行詞は some books。(4) a girl が先行詞。Her は所有格なので関係代名詞は whose を用いる。(5)「青い目をした」を「青い目を持っている」と言いかえる。

12. 現在分詞・過去分詞

1 (1) イ　(2) ア　(3) イ　(4) ウ　(5) エ　(6) ウ　(7) エ　(8) エ　(9) ウ　(10) エ　(11) イ
2 (1) singing　(2) spoken　(3) sitting　(4) used　(5) cleaned　(6) broken　(7) covered
(8) exciting
3 (1) made　(2) studying　(3) named　(4) taken, by　(5) drawn, by
(6) living, have, been　(7) What's, sleeping　(8) made, of

◇ 解説 ◇

1 (1)「そこで泳いでいる少年は私の兄（弟）です」。分詞の後置修飾。「〜している」は現在分詞（〜ing）で表す。(2)「私は日本製の時計を持っています」。「日本で作られた」と考え，過去分詞で表す。(3)「その『眠っている』猫は私のペットだ」。分詞 1 語で修飾する場合は名詞の前に置く。(4)「世界中で『話されている』言語の 1 つは英語だ」。「〜される，〜された」は過去分詞で表す。(5)「私には銀行に『勤めている』兄がいる」。(6)「あれは100 年前に『建てられた』学校です」。(7)「向こうでテニスを『している』女の子は私の姉（妹）だ」。イの場合，who の後に is が必要。(8)「庭は『散った』葉で覆われていた」。「落ち葉」＝ fallen leaves。(9)「ジムはオーストラリアで『撮られた』写真を私たちに見せました」。(10)「マイクは壊れた窓を見て驚きました」。「壊された窓」と考える。(11)「『キャシーによって書かれた』本はおもしろいです」。

2 (1)「私はその『歌っている』少女をとてもよく知っています」。「〜している」なので現在分詞。(2)「カナダで『話されている』言語は何ですか？」。「〜される」なので過去分詞。(3)「窓のそばに『座っている』少女は私の友人です」。(4)「あの中古車は私のものではありません」。「中古車」は「使われていた車」と考え，過去分詞にする。(5)「ヤスユキによって『掃除された』部屋は 5 階にある」。(6)「割れたガラスに気をつけて」。「割られたガラス」と考える。(7)「雪で『覆われた』山を見なさい」。(8)「私はハリー・ポッターのような『わ

くわくする』物語を読むことに興味があります」。

3 (1)「私の母は日本製の車を持っています」。過去分詞の後置修飾。(2)「あなたは図書館で『勉強している』少女を知っていますか？」。現在分詞の後置修飾。(3)「私にはタカシという名前の息子がいます」。name は動詞で「名づける」という意味。「タカシと名づけられた息子」と考える。(4)「これはスミスさんによって『撮られた』写真です」。(5)「あなたはトムによって『描かれた』絵を見ることができる」。draw‐drew‐drawn と活用する。(6)「スーダンに『住んでいる』人々は長年戦争と飢餓によって『傷つけられてきた』」という受動態の現在完了文にする。be hurt ＝「傷つけられる」。(7)「ソファーで『眠っている』犬の名前は何ですか？」。(8)「私は木で『つくられた』家に住みたいです」。材料を表す前置詞は of。

13. 前 置 詞

1 (1) イ　(2) ア　(3) ウ　(4) イ　(5) ウ　(6) エ　(7) ア　(8) イ　(9) ア　(10) イ　(11) ア
(12) ウ　(13) イ　(14) ウ　(15) ウ　(16) エ　(17) ウ　(18) ア　(19) ア　(20) ウ　(21) イ

2 (1) from　(2) for, me　(3) without　(4) different, from
(5) on, other（または, opposite）　(6) visited, during, stay

◇ **解説** ◇

1 (1)「あなたは英語でそれを何とよびますか？」。「～語で」＝ in ～。

(2)「父と私は昨夜，電話で話しました」。「電話で」＝ on the phone。

(3)「彼は弟の世話をします」。「～の世話をする」＝ take care of ～。

(4)「私はバスで学校に行きます」。交通手段（乗り物）を表す前置詞は by。

(5)「私の母は 8 月に生まれました」。「～月に」＝〈in ＋～（月名）〉。

(6)「私に手紙を送ってください」。「A（人）に B（もの）を送る」＝ send B to A。

(7)「春にはたくさんの人が公園に行く」。季節を表す前置詞は in。

(8)「私たちの町には多くの建物があります」。市町村などの広い範囲や場所を表す前置詞は in。

(9)「私はトムを私の誕生日パーティーに招待しました」。「A を B に招待する」＝ invite A to B。

(10)「私たちは私たちの犬のデイジーを探しています」。「～を探す」＝ look for ～。

(11)「オーストラリアはその美しい海岸で有名です」。「～で有名だ」＝ be famous for ～。

(12)「私の家の近くにスーパーマーケットがあります」。「～の近くに」＝ near ～。

(13)「私は夕食後に宿題をしました」。「～の後に」＝ after ～。

(14)「2 月 3 日は私の誕生日だ」。日付を表す際に日にちと月をつなぐのは of。

(15)「私は明日の 5 時まで暇です」。「～まで」＝ until ～。

⒃「私のフランス語の宿題を手伝ってください」。「A の〜を手伝う」= help A with 〜。

⒄「あなたは外出するときにマスクをつけなければなりません」。「〜を身につける」= put on 〜。

⒅「私たちはあなたに会うことを楽しみにしている」。「〜することを楽しみにする」= look forward to 〜ing。

⒆「あなたは赤いかばんを持っているあの女性を知っていますか？」。所有や所持を表す前置詞は with。

⒇「白い服を着ている女の子はユリと呼ばれています」。〈in ＋色彩を表す語〉でその色の服を「着ている」状態を表す。

㉑「ああ，私は何も書くものを持っていません」―「心配はいりません。あなたに紙を一枚あげましょう」。「何か書くもの」は something to write with と，something to write on があり，ペンなど書くための道具を表す場合は with，紙やノートなど書くための用紙を表す場合は on を用いる。

2 (1)「私は日本から来ました」。「〜から来ている，〜出身だ」= come from 〜。(2)「私の母は私にこの時計を買ってくれた」。「A（人）に B（もの）を買う」は buy A B か buy B for A で表す。(3)「彼女は何も言わずにこの部屋を出て行った」。「〜せずに」= without 〜ing。(4)「あなたの考えは私のものと異なっている」。「〜と異なっている」= be different from 〜。(5)「通りの向こう側に銀行がある」。「〜の向こう側に」= on the other side of 〜。(6)「私はアメリカ合衆国に滞在している間，その博物館に行った」→「私はアメリカ合衆国での滞在中に，その博物館を訪れた」。「〜を訪れる」= visit。「〜の間，〜中」= during 〜。

14. 接 続 詞

1 (1) ア (2) エ (3) エ (4) ウ (5) イ (6) エ (7) イ (8) イ (9) ウ (10) エ (11) ア (12) ア (13) ア (14) ア

2 (1) If (2) that, can't (3) so, that (4) Both, and, like (5) when, was (6) If, don't (7) when（または，while, as），eating（または，having）(8) sure, she, is (9) When（または，If），each, other

◇ 解説 ◇

1 (1)「とても激しく雨が降っていたので，私は家にいました」。「〜なので」= because 〜。(2)「アリスはミサとトシの間に座った」。「A と B の間に」= between A and B。(3)「どちらが速く泳ぎますか，ベンですか，『それとも』マイクですか？」。(4)「もし雨が降るなら，私たちは旅行をあきらめなければならないでしょう」。「もし〜なら」= if 〜。(5)「食事を食べる『前に』手を洗いなさい」。(6)「母親が夕食を作っている間，ケイトはいつも居間で

勉強しています」。「～している間」＝ while ～。during は前置詞なので，後に節〈主語＋動詞〉は置けない。(7)「急いでください，さもないと電車を逃すでしょう」。「～しなさい，さもないと…」＝〈～（命令文），＋ or …〉。(8)「私は今朝，朝食を食べました『が』，今は空腹です」。(9)「友人が私を訪れた『とき』，私は家にいませんでした」。(10)「私が帰って来る『まで』，ここで待ってください」。(11)「それ（映画）はとてもおもしろかったので，私はそれをまた見たい」。「とても～なので…」＝ so ～ that …。(12)「私の家族が大阪に引っ越してきて『から』10年が過ぎた」。(13)「エミリーは8時の電車に乗れなかったので，学校に歩いていかなければならなかった」。「だから，それで」＝ so。(14)「彼は正しい答えがわからなかったけれど，先生にその質問に答えることができると言った」。「～けれども」＝ though ～。however は前文で述べた内容と対照させて「しかしながら」という場合に用いる。

2 (1)「もし一生懸命に勉強すれば，あなたはテストに合格できます」。「もし～なら」＝ if ～。(2)「この箱はとても重いので，私はそれを運ぶことができない」。「とても～なので A は…できない」＝ so ～ that A can't …。(3)「彼はとても賢いので，その問題を解くことができる」。「とても～なので…」＝ so ～ that …。(4)「カナコとジュンの両方とも本を読むのが好きだ」。「A と B の両方とも」＝ both A and B。(5)「私は10歳のときにピアノを弾くことを学びました」。接続詞 when を用いた文にする。(6)「『もしあなたが私を助けてくれなければ，』私はこの仕事を終えることができません」。(7)「ソウタは昨夜『私たちが夕食を食べているときに』私たちを訪ねてきた」。(8)「彼女は歯医者に違いない」→「私は彼女が歯医者だと確信している」。「～だと確信している」＝ be sure that ～。that は省略可。(9)「宿題が難しすぎるとき（または，宿題が難しいなら），ジェーンとジョージはお互いに助け合う」。「～するとき」＝ when ～。「もし～なら」＝ if ～。「お互い」＝ each other。

15. いろいろな疑問文①

1 (1) ウ (2) ウ (3) ウ (4) ア (5) エ (6) エ (7) ウ (8) ウ (9) イ (10) イ (11) イ (12) エ (13) ウ (14) ア (15) イ (16) ア
2 (1) we (2) Why, we (3) she, is (4) where, lives (5) where, born

◇ **解説** ◇

1 (1)「私は彼がいつ来るかわからない」。間接疑問文の語順は〈疑問詞＋主語＋動詞〉。
(2)「このTシャツはいくらですか？」。値段を尋ねる表現は how much。
(3)「タケシはみんなにとても親切ですよね？」。is を用いた肯定文の付加疑問には isn't を使う。
(4)「ここからあなたの学校までどれくらい距離がありますか？」。距離を尋ねる表現は how far。
(5)「彼がいつここに到着するのか私に教えてください」。「いつ」＝ when。

(6)「彼は自分の部屋をそうじしましたよね？」。一般動詞の肯定文で時制が過去のとき，付加疑問には didn't を用いる。

(7)「家にいてはどうですか？」。「〜してはどうですか？」= Why don't you 〜?。

(8)「あなたのお兄さんは写真を撮るのがとても好きですよね？」。動詞が一般動詞の三人称単数現在形なので，付加疑問には doesn't を使う。

(9) B が「それは 3 年前に建てられました」と答えていることから，橋の古さを問う表現が入る。How old 〜?は人の年齢のほか，建造物の築年数を問うときにも使われる。

(10)「トムにはおじさんはいませんよね？」。否定文の付加疑問には，肯定の疑問形がくる。

(11)「あべのハルカスはどれくらい高いですか？」。高さを尋ねる表現は how high。

(12)「あなたはそこが今何時か知っていますか？」。関接疑問文なので〈疑問詞＋主語＋動詞〉の語順を選ぶ。

(13)「私はその女性にあれらの絵の中でどれが最もよいか尋ねました」。「どれ」= which。

(14)「あなたは 1 週間にどのくらいピアノを弾きますか？」—「2 日だけです」。頻度を尋ねる表現は how often。

(15)「放課後サッカーをしましょうか？」。Let's で始まる文の付加疑問文は，文末に shall we?をつける。

(16)「今，彼らにはあまり多くの情報がないため，彼らは次に何をするべきかわからない」。間接疑問文なので，〈疑問詞＋主語＋動詞〉の語順を選ぶ。

2 (1)「映画に行きましょうか？」。Let's 〜と Shall we 〜?はともに誘う表現。(2)「一緒にスケートに行きませんか？」。「一緒に〜しませんか？」= Why don't we 〜?。(3)「私は彼女の名前を知りません」→「私は彼女が誰なのか知りません」。間接疑問文の語順は〈疑問詞＋主語＋動詞〉。(4)「私は彼女の住所を知りません」→「私は彼女がどこに住んでいるのか知りません」。間接疑問文にする。(5)「私は自分の生まれた場所を知らない」→「私は自分がどこで生まれたのか知らない」。間接疑問文にする。「生まれる」= be born。

16. いろいろな疑問文②

1 (1) Where did Akira live five years ago?

(2) How long does it take to get to the station?

(3) He likes cats, doesn't he?   (4) What does Tomoko want?

(5) How often do they play tennis?   (6) How many children does Tom have?

(7) What time do you eat lunch?   (8) I don't know what color John likes.

(9) How long（または，How many years）has Mr. Smith lived in Osaka?

(10) How far is it from here to your house?

(11) How are you（または，we）going to the beach?

2 (1) ウ (2) エ (3) カ (4) イ (5) ア
3 (1) ウ (2) エ (3) エ

◇ **解説** ◇

1 (1)「アキラは 5 年前，どこに住んでいましたか？」という文にする。(2)「駅へ行くのにどれくらいの時間がかかりますか？」という文にする。時間の長さを尋ねる表現は how long。(3)「彼は猫が好きですよね？」という文にする。動詞が三単現の形の肯定文なので，doesn't を使う。(4)「トモコは何を欲しがっていますか？」という文にする。(5) sometimes は頻度を表す副詞なので，「彼らはどれくらい頻繁にテニスをしますか？」という文にする。頻度を尋ねる表現は how often。(6)「トムには何人の子どもがいますか？」という文にする。数を尋ねる表現は how many。(7) at noon（正午に）は時刻を表すので，「あなたは何時に昼食を食べますか？」という文にする。(8)「ジョンは何色が好きなのか私は知りません」という間接疑問文にする。疑問詞（what color）の後の語順は〈主語＋動詞〉。(9)「どれくらいの間スミスさんは大阪に住んでいますか？」という文にする。期間を尋ねる表現は how long。(10)「ここからあなたの家までどれくらい距離がありますか？」という文にする。距離を尋ねる表現は how far。(11)「あなたたち（または，私たち）はどのようにして海岸に行く予定ですか？」という文にする。手段を尋ねる疑問詞は how。

2 (1)「今日の新聞はどこにありますか？」→「私の部屋にあります。私がそれをあなたに持ってきます」。(2)「私の兄（弟）は来月秋田に帰ってきます」→「ああ，本当ですか？ 私は彼に会いたいです」。(3)「あなたは昼食を食べましたか？」→「はい。私はちょうどそれを終えたところです」。(4)「だれがこのケーキを作りましたか？」→「私の姉（妹）です。あなたはそれが好きですか？」。(5)「今度の日曜日に一緒に買い物に行くのはどうですか？」→「すみません，私は行けません」。

3 (1) How would you like your eggs? =「卵の焼き方はどのようにいたしましょうか？」。Sunny-side up, please. =「目玉焼きでお願いします」。(2) How about ～ing? =「～するのはどうですか？」。A は「今夜，夕食を食べに出かけるのはどうですか？」と尋ねている。I would like to stay at home tonight. =「今夜は家にいたいと思います」。(3)「今日は朝食に何を食べたのですか？」という質問に対する返答。I ate nothing this morning. =「今朝は何も食べませんでした」。

17. 仮定法

1 (1) ウ (2) ア (3) エ (4) イ (5) イ (6) イ (7) ウ (8) エ (9) ア (10) イ
2 (1) ウ (2) ア (3) ア
3 (1) If, could（または，would） (2) buy, had
(3) weren't（または，wasn't）, honest, wouldn't (4) can't（または，cannot）, don't

4 (1) エ　(2) ア　(3) ウ　(4) イ　(5) オ

◇ **解説** ◇

1 (1)「私があなただったら，速く走ることができるのに」。〈If＋主語＋動詞の過去形〉で「～が…だったら」という仮定の表現になる。(2)「もっと自由な時間があればいいのに」。〈I wish＋主語＋動詞の過去形〉で「～が…だったらいいのに」という現実とは異なる願望を表す。(3)「私が医者だったら，多くの人々を助けられるのに」。文の後半に could があることから仮定法の文なので，if 節の be 動詞には were を用いる。(4)「私がたくさんのお金を持っていたら，新しい車を買うだろうに」。文の後半に would があることから仮定法の文なので，if 節の動詞は過去形にする。(5)「今日が休日だったら，私は家にいるのに」。if 節の be 動詞が were であることから仮定法の文なので，助動詞の過去形を選ぶ。(6)「野球をうまくできたらいいのに」。願望を表す I wish に続く文の助動詞は過去形になる。(7)「今日が晴れだったら，私は友達とテニスをするのに」。仮定を表す接続詞は if。(8)「彼女とデートをすることができたらいいのに」。〈I wish＋主語＋動詞の過去形〉で願望を表す。wish は動作動詞ではないので進行形にしない。(9)「私があなただったら，医者に診てもらうだろうに」。if 節の be 動詞が were であることから仮定法の文なので，過去形の助動詞が必要。(10)「私がフランス語を話すことができたら，彼に話しかけるのに」。「～することができたら」は〈If＋主語＋could＋動詞の原形〉で表す。

2 (1)「私が鳥だったら，あなたのところへ飛んで行けるのに」。現在の事実に反することを述べる仮定法の文では，if 節の動詞と後半の助動詞は過去形になる。(2)「あなたがここにいたら私は幸せなのに」。仮定法の文なので，動詞や助動詞は過去形。(3)「彼女とアメリカに行くことができたらいいのに」。「～できたらいいのに(実際にはできない)」という願望は仮定法で表すので，could を用いているアの文が適切。

3 (1)「私は彼女の住所を知らないので，彼女を訪ねることができない」→「彼女の住所を知っていたら，私は彼女を訪ねることができるのに」。仮定法の文〈If＋主語＋動詞の過去形，主語＋助動詞の過去形＋動詞の原形〉にする。(2)「彼女はあまりお金を持っていないので，新しいドレスを買うことができない」→「たくさんお金があったら，彼女は新しいドレスを買うことができるのに」。仮定法の文にする。(3)「彼は正直なので，私たちは彼の話を信じる」→「もし彼が正直でなかったら，私たちは彼の話を信じないだろう」。仮定法の文にする。口語では be 動詞に was も用いられる。(4)「十分な時間があれば，私は世界中を旅行できるのに」→「私には十分な時間がないので世界中を旅行することができない」。仮定法ではない文に書きかえるとき，時制が現在形になることに注意する。

4 (1)〈I wish＋主語＋動詞の過去形〉で「～が…だったらいいのに」という願望を表す文になる。エを選んで「ピアノが弾けたらいいのに」とする。(2) 助動詞 will があることから未来の文。アを選んで「明日雨が降るなら私は家にいるでしょう」とする。条件を表す if 節では，未来のことは現在形で表す。(3) 過去形の文。ウを選んで「たくさん雨が降ったので私たちは野球の試合を楽しめなかった」とする。(4) 過去形の助動詞 could に着目する。

イを選んで「もっと時間があれば，私は彼女に会えるのに（実際には時間がない）」という仮定法の文にする。(5)「彼女はとても忙しかったので」という内容に続くのは，オの「彼女は野球の試合を見ることができませんでした」。

18. いろいろな文型

1 (1) ウ　(2) ウ　(3) ア　(4) イ　(5) ウ　(6) ウ　(7) ア　(8) イ　(9) ア　⑽ ア　⑾ ウ　⑿ ア　⒀ エ　⒁ ア　⒂ エ

2 (1) me　(2) teaches, to　(3) There, are　(4) call　(5) for, us　(6) passed, made, her　(7) helped, wash

◇ **解説** ◇

1 (1)「公園に美しい鳥たちがいました」。主語の birds が複数形なので，be 動詞には are/were を用いる。

(2)「この映画はいつも私を悲しくします」。「A を B にする」= make A B。

(3)「トムは私たちに英語を教えるだろう」。will の後の動詞は原形。「A に B を教える」= teach A B。

(4)「机の上に本がありますか？」。「～がある」= There is/are ～。books が複数形なので be 動詞は are になる。

(5)「何が彼をそんなに幸せにしましたか？」。疑問詞 what が主語の文。「A を B にする」= make A B。

(6)「あなたが英和辞書を持っていたら，それを私に貸してください」。「A を B に貸す」は lend A to B か lend B A の語順で表す。

(7)「犬が少年にとびかかったとき，彼は驚いたようでした」。「～に見える」= look ～。「驚いた」と人の感情を表す語は surprised。

(8)「私はその映画がとてもおもしろいと感じた」。「おもしろい」= interesting。

(9)「人々はこの猫をタマと呼びます」。「A を B と呼ぶ」= call A B。

⑽「彼の父親は実際よりも若く見えます」。「～に見える」= look ～。

⑾「部屋をきれいなままにしておいてください」。「A を B のままにする」= keep A B。

⑿「あとであなたに結果をお知らせします」。「人に～させる」=〈let ＋人＋動詞の原形〉。

⒀「その本は私に，海外旅行のために何を準備するべきかを知るのに十分な情報を与えてくれました」。「A に B を与える」= give A B。「～するための」は形容詞的用法の不定詞で表す。「何を～するべきか」= what to ～。

⒁「私は弟が宿題をするのを手伝うつもりです」。〈help ＋人＋動詞の原形〉で「人が～するのを手伝う」という意味になる。

⒂「私は先生に自分のレポートをチェックしてもらいました」。〈have ＋人＋動詞の原形〉

で「人に〜してもらう」という意味になる。

2 (1)「私の父は私にマンガの本を買ってくれました」。「A（人）にB（もの）を買う」= buy A B。(2)「彼は私たちの英語の先生です」→「彼は私たちに英語を教えています」。「A に B を教える」= teach B to A。(3)「京都には 1,000 以上の寺院がある」。「〜（複数名詞）がある」= there are 〜。(4)「私のニックネームはドニーである」→「私の友達は私をドニーと呼ぶ」。「A を B と呼ぶ」= call A B。(5)「彼女は私たちにクッキーを買いました」。「A に B を買う」= buy B for A。(6)「試験に合格することができたと知って，彼女はうれしかった」→「彼女が試験に合格したという知らせは彼女を喜ばせた」。「〜という知らせ」=〈the news that ＋主語＋動詞〉。「A を B にする」= make A B。(7)「私の父は車を洗っていました。私は彼を手伝いました」→「私は父が車を洗うのを手伝いました」。「人が〜するのを手伝う」=〈help ＋人＋動詞の原形〉。

19. 〈発展〉誤文訂正

1 (1) ウ (2) イ (3) エ (4) ウ (5) エ
2 (1) ウ (2) ウ (3) ウ (4) ウ (5) イ (6) ア (7) イ
3 (1) have known (2) sad (3) what (4) yours (5) of (6) on (7) given
4 (1) イ，spoken (2) ウ，boy (3) ウ，raining (4) イ，would (5) エ，well
5 (1) エ，is taking (2) エ，been (3) ア，old enough (4) ウ，who（または，that）
(5) エ，by
6 ア・ウ・ク・ケ・シ
7 (1) エ (2) ウ

◇ **解説** ◇

1 (1)「富士山は日本で最も高い山で，私は二度そこを訪れたことがある」。「〜を訪れる」= visit 〜。to が不要。(2)「その庭はバラやチューリップのような多くの種類の花で覆われている」。「〜で覆われる」= be covered with 〜。(3)「私が最も好きなプロサッカー選手はこの前の試合でけがをして，私はそのニュースを聞いてショックを受けた」。「〜してショックを受ける」= be shocked to 〜。不定詞の副詞的用法。(4)「向こうで走っている少年を知っていますか？　彼は私の弟で，中学校でとても上手なテニス選手です」。well は副詞なので名詞 tennis player を修飾できない。形容詞 good を用いて表す。(5)「私は将来音楽家になりたいが，母は私が医者になることを望んでいて，毎日私に一生懸命勉強するように言う」。「A に〜するように言う」= tell A to 〜。

2 (1)「先生は太陽が地球より大きいと言いました」。変わらない事実を表す場合は時制の一致を受けないので，ウ は is にする。(2)「私はとてものどが渇いています。私は今，何か冷たい飲み物が欲しいです」。「何か冷たい飲み物」= something cold to drink。形容詞的

用法の不定詞を用いるので，ウは to にする。(3)「その新しいコンピュータは私の生徒たちによって使われるでしょう」。「～される」は受動態〈be 動詞＋過去分詞〉で表す。ウは used にする。(4)「マサコは彼女の父親がくれたたくさんの本を持っています」。目的格の関係代名詞を用いた文。ウは which にする。(5)「私は今週の日曜日に，友人たちと一緒にテニスをして楽しみました」。「～して楽しむ」＝ enjoy ～ing。イは playing にする。(6)「私のおじは一昨日から私の家の近くにあるホテルに滞在しています」。期間は現在完了〈have/has ＋過去分詞〉で表す。アは has stayed にする。(7)「あなたは読書をするのと映画を見るのとではどちらの方が好きですか？」。「あなたは A と B ではどちらの方が好きですか？」＝ Which do you like better, A or B?。イは better にする。

3 (1)「私たちは若いときからずっとお互いを知っている」。現在完了〈have ＋過去分詞〉の文になる。(2)「昨日私の犬のポチが死んだので，私は悲しかった」。名詞ではなく形容詞になる。(3)「あなたは明日の天気がどうなるかを知っていますか？」。「～がどのようなものか」＝ what ～ is like。how を用いる場合は like が不要。(4)「これはあなたのものですか？」。所有代名詞になる。(5)「この机は木でできている」。「～（材料）でできている」＝ be made of ～。(6)「私は 9 月 30 日に友達と一緒に魚釣りに行くつもりだ」。日付の前につける前置詞は on。(7)「昨日，誕生日に私の息子に贈られた贈り物はとても高価そうに見えた」。「～られた」は過去分詞で表す。

4 (1)「あの国で話されている言語は英語です」。「～される」は過去分詞で表す。(2)「彼はクラスの他のどの少年よりも背が高いです」。「他のどの～よりも」＝ than any other ～。「～」の名詞は単数形。(3)「そのとき雨が止みました」。「雨が止む」＝ stop raining。(4)「先週，彼女は息子にその自転車を買ってあげると言いました」。過去の文なので，that 以下も過去形にする。(5)「高校生のとき，ジョンはとても上手に野球をしました」。「上手に」＝ well。

5 (1) 返答の文は「すみません。彼は風呂に入っています」。今まさに行っている動作は現在進行形で表す。(2)「私は大阪に住んでいるが，一度も USJ へ行ったことがない」。「～へ行ったことがある」＝ have been to ～。(3)「あなたの息子は一人で一日中家にいるのに十分な年齢ですか？」。「～するのに十分…」＝…（形容詞）enough to ～。(4)「あなたのクラスにはクラシック音楽に興味のある人がいますか？」。先行詞が人のとき，主格の関係代名詞には who または that を使う。(5)「もしあなたが私たちに参加したいのなら，次の水曜日までに私たちに e メールを送ってください」。「～までに」と期限を表すのは by。

6 ア．「私は今日スーパーマーケットへ買い物に行きました」。正しい。go shopping ＝「買い物に行く」。go ～ing の後には，go ではなく～ing 形の動詞と結びつく前置詞を用いる。イ．「あなたがもし一生懸命に練習すれば，サッカーをもっと上手にすることができるようになるでしょう」。will be able to ～＝「～できるようになるだろう」。ウ．「私は多くの生徒と友達になりたいです」。正しい。make friends with ～＝「～と友達になる」。エ．「ケンタはギターを弾くことが得意です」。be good at ～ing ＝「～することが得意である」。

オ.「新しいレストランで昼食を食べるのはどうですか？」。What about ～ing? =「～するのはどうですか？」。カ.「あなたの周りの人みんなに親切にしてください」。be kind to ～ =「～に親切である」。キ.「あなたは京都で多くの場所を訪問することを楽しみましたか？」。visit は他動詞なので直後には名詞がくる。to は不要。ク.「駅に着いたら，私に電話をしてください」。正しい。arrive at ～ =「～に到着する」。ケ.「私は今，何か冷たい飲み物がほしいです」。正しい。something は後ろに形容詞をとる。コ.「これらの質問は難しすぎて答えられません」。too ～ to … =「…するには～すぎる」。them は不要。サ.「カズミとデイビッドはしばしばお互いに話をします」。talk は自動詞で each other は代名詞。よって間に前置詞が必要となる。talk to each other が正しい。シ.「私は次の野球の試合を楽しみにしています」。正しい。look forward to ～ =「～を楽しみにする」。

7 (1)「メアリーは4人の中で一番早く起きます」。最上級の文。後に〈the ＋数〉などを続け，「～（複数の人や物）の中で」というときは of を用いる。(2)「10日間です」と答えていることから，「ケイコはどのくらいの間具合が悪いのですか？」という文になる。「どのくらいの間」= how long。